"十三五"国家重点图书重大出版工程规划项目

中国农业科学院科技创新工程资助出版

中国沼气
——应用与模式

China Biogas—

Application and Mode

王登山 ◎ 主编

中国农业科学技术出版社

图书在版编目（CIP）数据

中国沼气. 应用与模式 / 王登山主编 . —北京：中国农业科学技术出版社，
2019. 10

ISBN 978-7-5116-4358-2

Ⅰ. ①中… Ⅱ. ①王… Ⅲ. ①沼气工程–研究–中国 Ⅳ. ①S216. 4

中国版本图书馆 CIP 数据核字（2019）第 183305 号

责任编辑 闫庆健 王思文 马维玲
责任校对 贾海霞

| 出 版 者 | 中国农业科学技术出版社 |
| 北京市中关村南大街 12 号 邮编：100081 |
电 话	（010）82106632（编辑室） （010）82109702（发行部）
	（010）82109709（读者服务部）
传 真	（010）82106625
网 址	http://www.castp.cn
经 销 者	各地新华书店
印 刷 者	北京科信印刷有限公司
开 本	787 mm×1 092 mm 1/16
印 张	10. 25
字 数	217 千字
版 次	2019 年 10 月第 1 版 2019 年 10 月第 1 次印刷
定 价	50. 00 元

《中国沼气——应用与模式》
编　委　会

主　　编：王登山

编　　委：蔡　萍　胡国全　邓　宇　王　超

邓良伟　张　敏　冉　毅　席　江

何明雄

编写人员：（按姓氏笔画排序）

王文国　孔垂雪　冉　毅　张　蓓

贺　莉　席　江　袁　萧

前　　言

  厌氧发酵技术是实现生产生活废弃物资源化、循环化、无害化利用的有效手段，而"三沼"（沼气、沼渣、沼液）是废弃物厌氧发酵的终端产品，其高效高值利用，是制约废弃物处理和利用成效的关键。沼气作为一种清洁能源，用途非常广泛，可以点灯照明、烧水煮饭，也可以发电上网、提纯供气。沼液、沼渣加工有机肥用于农业生产，可有效发挥化肥和农药减量、培肥地力作用，加快推动生态循环农业和绿色农业发展。

  本书详细介绍了我国"三沼"综合利用基础知识、应用技术和建设模式，总结了全国各地方"三沼"综合利用的典型模式与成功案例，为各级地方政府、行业管理与技术人员、种植和养殖业主以及广大社会公众，学习了解"三沼"应用技术、创新沼气发展模式、推动实施农村人居环境整治和"厕所革命"，提供参考和借鉴。

  由于编著者水平有限，难免存在一些疏漏、不妥甚至错误之处，希望读者给予谅解并提出宝贵意见。

《中国沼气——应用与模式》编写组

2019 年 6 月于成都

目　　录

第一章 "三沼"综合利用基础知识

第一节 "三沼"开发利用重要意义

一、"三沼"综合利用经济效益

"三沼"是指畜禽粪便及农作物秸秆等物质，在厌氧环境中通过微生物分解转化所产生的物质，包含沼气、沼渣、沼液，统称"沼气发酵产物"，通常也称"三沼"。

沼气是一种混合气体，其中含有 50%~60% 的甲烷、40%~50% 的二氧化碳，还含有少量的一氧化碳、硫化氢、氧和氮等。沼气与石油液化气、天燃气同属优质燃气，是高品位的生物质能，是一种热值较高的清洁能源，每立方米沼气的发热量为 20 800~23 600 千焦耳，折合 0.714 千克标准煤。沼气可用于发电、增温、供冷、提纯替代 LNG 等生产领域。

沼液及沼渣作为沼气发酵残余物，是一种缓速兼备的优质肥料，能有效提高作物产量，改善作物品质，改良土壤环境。

沼液中不仅含有作物生长所需的氮、磷、钾等营养元素，还存留了丰富的氨基酸、B 族维生素、各种水解酶、某些植物生长素、对病虫害有抑制作用的物质或因子。可用来养鱼、喂猪、喂牛、浸种、叶面施肥、防治作物的某些病虫害、提高植物抗逆性。

沼渣中含有丰富的有机质、腐殖酸、粗蛋白、氮、磷、钾和多种微量元素等，是一种缓速兼备的优质有机肥和养殖饵料。可以用来配制营养土和营养钵、做有机肥、养殖蚯蚓、土鳖虫、泥鳅等。

二、"三沼"综合利用生态效益

以沼气为纽带，充分利用了庭院的人畜排泄物，化害为利，实现物质多层次循环利用，促进无公害农产品的生产。以广西区莆田市荔城区为例，该区于 2005 年被农业部列入福建省第一批生态家园试点单位和省级生态农业试点县，累计建设"三沼"综合利用模式示范户 9 500 户，年可提供沼气约 700 万立方米，按节柴能力计算，相当于减少薪柴消耗量 2.3 万吨左右，保护了 3 056 公顷的森林植被。而且，年可有效处理 41.3 万吨畜禽粪便，消灭了蚊蝇滋生场所，切断了病原体的传播途径，保护了水资源，改善了农村环境卫生。且施用沼肥，可少施化肥，减少了化学物质对农产品和土壤的污染，实现了农业生产的良性循环。

三、"三沼"综合利用社会效益

根据《全国农村沼气发展"十三五"规划》，截至 2015 年，我国农村户用沼气已达 4 193.3 万户，受益人口达到 2 亿人；建成各类沼气工程 110 975 处；全国农村沼气工程总池容达到 1 892.58 万立方米，年产沼气 22.25 亿立方米，供气 209.18 万户。我国沼气工程正朝着大型化、产业化方向发展。

户用沼气和规模化沼气工程建设，可以缓解农村用能的紧张局面，改善农民生产生活条件，提高环境卫生质量。沼气发酵产物不仅解决了生活能源，而且作为肥料、饲料、饵料和"准农药"，用于作物浸种、防治作物病虫害、提高作物产量和质量、农产品储存保鲜等。"三沼"综合利用把沼气建设与农业生产活动直接联系起来，成为发展庭院经济、生态农业、增加农户收入的重要手段，另外也开拓了沼气发展的新领域。

其次，因其成本低、收效快、效益高的特点，很容易在农村得到推广，并可在一定程度上提高农民科技意识和劳技素质，增加农民收入，促进社会安定，提高文明程度，是建设社会主义新农村的好模式。

第二节　"三沼"综合利用设备基础知识

一、沼气输配设备

根据沼气建设规模不同，沼气输配设备可分为户用沼气输气系统和沼气工程输配气系统。户用沼气输气系统主要由导气管、输气管、管道连接件、开关、压力表等组成，其作用是将沼气工程内产生的沼气畅通、安全、经济、合理地输送到用气点。沼气工程输配气系统主要由沼气输配管网、压送站、调压计量站及储气罐等组成。沼气输配管网是将沼气输送至终端用户，并保证沿途输气安全可靠；压送站是当输送压力不能满足要求时，将低压沼气增压至规定的压力；调压计量站是将输气管网的压力调节至下一级管网或用户所需的压力，并使调节后的沼气压力保持稳定；储气罐作用有两个：一是储存一定量的沼气以供用用气高峰时调节用,二是当输气设施发生暂时故障或维修管道时保证一定程度供气。根据采用的管网压力级制不同,沼气工程输配气系统主要分为低压单级管网输配系统、中压单级管网输配系统和中、低压两级管网输配系统。

设计沼气输气系统,首先要经过管网的水力计算设计。对输气系统的计算,通常称作水力计算,主要目的是:根据已知输气系统要通过的沼气流量、输气管管长和允许压力降,求输气管所需的管径;根据已知输气管的管径、管长和要求通过的沼气流量,求压力降;根据已知的起始压力、管长和管径求可以通过的沼气流量。前者可以用来计算新敷设的沼气管道的管径,后二者可以用来核算已敷设的沼气管道的压力降和沼气通过的能力。

二、沼气利用设备

1. 沼气发电机

沼气发电始于 20 世纪 70 年代初期。为合理、高效地利用沼气,普遍使用往复式沼气发电机组进行沼气发电。当时使用的沼气发电机大都属于火花点火式气体燃料发电机组,并对发电机组产生的排气余热和冷却水余热加以充分利用,可使发电工程的综合热效率高达 80% 以上。发电机类型有集装箱式沼气发电机和开式沼气发电机(图 1-2-1)。目前,沼气发电机组气耗率可以达到 0.45~0.8 立方米/千瓦·时 (沼气热值约 21 兆焦/立方米),国内 0.8~5 000 千瓦各级容量的沼气发电机组皆有安装和投产。以 (Germany MWM) 品牌 1 000千瓦的热电联产发电机组为例,其发电效率见表 1-2-1。

表 1-2-1 1 000 千瓦发电机组效率表

机组型号	类型	电功率	热功率	电效率	热效率	总效率	功率/电压
1000-BG	开式	1 000 千瓦	1 007 千瓦	42%	42.3%	84.3%	50 赫/400 伏

沼气发电技术利用的是清洁能源,以极高的效率产生了大量的热能和电能,同时带来巨大的经济效益。目前国内很多沼气工程产生的沼气 CH_4 含量在 50%~60% 之间,如果选用合适的沼气发电机组,每立方米沼气可发电 2.0~2.4 度,而现在很多企业为了节省投资,选择使用效率低或容量小的发电机机组,每立方米沼气只能发电 1.6~1.8 度电。以产气量 20 000立方米/天的沼气工程为例,使用每立方米发 2.4 度电的发电机组比每立方米沼气发 1.6 度电的机组每年多发 584 万度电。

2. 提纯设备

沼气是一种混合气体,沼气提纯可以去除沼气中的杂质组分,使之成为甲烷含量高、热值和杂质气体组分品质符合天然气标准要求的高品质燃气。我国城镇燃气要求见

图 1-2-1　集装箱式沼气发电机和开式沼气发电机

表 1-2-2。车用压缩天然气技术指标见表 1-2-3。

表 1-2-2　城镇燃气的类比及特性指标（15℃，101.325 千帕，干）

类别		高百华数瓦（兆焦/立方米）		燃烧势 CP	
		标准	范围	标准	范围
天然气	3T	13.28	12.22~14.35	22.0	21.0~50.6
	4T	17.13	15.75~18.54	24.9	24.0~57.3
	6T	23.35	21.76~25.01	18.5	17.3~42.7
	10T	41.52	39.06~44.84	33.0	31.0~34.3
	12T	50.73	45.67~54.78	40.3	36.3~69.3

注：3T、4T 为矿井气，6T 为沼气，其燃烧特性接近天然气

表 1-2-3　我国压缩天然气技术指标

项目	技术指标
高位发热量，兆焦/立方米	<31.4
总硫，毫克/立方米	≤200
硫化氢，毫克/立方米	≤15
二氧化碳，%	≤8.0
氧气，%	≤0.5
水露点，摄氏度	在汽车驾驶的特定地理区域内，在最高操作压力下，水露点不应高于-13℃；当最高气温低于-8℃，水露点应比最低气温低 5℃

注：本标准中气体体积的标准参比条件是 101.325 千帕，20℃

　　沼气提纯有多种方法可以实现，目前主要使用的是变压吸附法、胺洗法、加压水洗法和膜分离方法（图 1-2-2）。

　　沼气提纯主要是去除沼气中的 CO_2，以及 H_2S、O_2、N_2、硅氧烷等杂质，提高提纯

图 1-2-2 变压吸附法、胺洗法、加压水洗法和膜提纯法

后气体的热值。提纯后的气体可以作为标准气体锅炉、发电、CNG、燃气管网。以德国 Rathenow 沼气工程使用沼气纯化产生物甲烷气为例（图 1-2-3），生物甲烷气纯化能力 520N 立方米/小时，电力输出 2 315 兆瓦时/年；发酵原料为 40 000 吨玉米、作物青储、谷物和液态牛粪及猪粪；投资近 900 万欧元。

3. 沼气锅炉

沼气可以直接作为锅炉燃料。沼气锅炉按照介质分为沼气开水锅炉、沼气热水锅炉、沼气蒸汽锅炉、沼气有机热载体锅炉；按照用途分为沼气采暖锅炉、沼气洗浴锅炉、沼气蒸煮锅炉等。

图 1-2-3 德国 Rathenow 沼气工程

4. 沼气灶具

沼气灶具是指利用沼气作为燃料的灶具。沼气的燃烧特性较普通燃气不同，沼气燃烧的速度为每秒 0.2 米，只是液化气燃烧速度的 1/4～1/3，煤气的 1/12。因燃烧速度

低，当气体流速大于燃烧速度时，会造成脱火。同时沼气燃烧是需要大量空气，正常情况下，一份沼气需要5.7倍的空气，是液化气的4倍。所以沼气灶具和普通燃气灶具要求有所不同。家用沼气灶具的主要技术参数见表1-2-4。

表1-2-4 家用燃气灶具的主要技术参数（GB/T 3606-2001）

名称	额定压力 帕	热负荷		热效率（%）	CO（%）
		千瓦	千焦/小时		
沼气灶	800	2.78	8 368	55	0.1
	1 600	3.26	10 041.6		

5. 沼气灯具

沼气灯是把沼气的化学能转变为光能的一种燃烧装置，是利用金属纱罩在沼气的高温燃烧中发出的光来照明IDE用具。沼气灯主要由引射器、沙头、纱罩、反光罩、玻璃灯罩和喷嘴组成。沼气灯主要技术参数见表1-2-5。沼气灯光的波长为300~1 000纳米，许多害虫对330~400纳米的紫外光线有最大的趋性，利用沼气灯可以引诱害虫蛾，达到捕杀害虫蛾的目的。

表1-2-5 沼气灯具的主要技术参数

名称	额定压力 帕	热负荷		照度 勒克斯	发光效率 勒克斯/瓦	CO（%）
		千瓦	千焦/小时			
沼气灯	800	最低410	1 464	60	0.13	0.05
	1 600	最高525	1 882.8	45	0.10	
	2 400			35	0.08	

6. 沼气饭锅

沼气饭锅是以沼气为燃料，可自动检测饭的生熟程度，并能自动关断主燃烧器的燃烧器具（图1-2-4）。家用的沼气饭锅每次焖饭的最大稻米量在2.5千克以下，公用饭锅每次焖饭的最大稻米量在10千克以下。

三、沼渣沼液出料设备

沼气工程发酵预料复杂，除畜禽粪便外，可能还掺杂各种秸秆等植物纤维。经过长时间厌氧发酵后，物料呈较为均匀的黑色液体状，其中的固体为沼渣，液体为沼液。为保证沼气工程的正常运行，在日出料和大出料的时候，通常会配备各种相应的出料设备。

图 1-2-4　沼气饭锅

1. 沼液沼渣车

沼液沼渣车是指用于沼气工程中料液抽吸和运送的车辆。通过车辆的吸料胶管及真空泵对沼气工程中的原料进行抽吸后，转运到下一地点进行排泄。

一般沼液沼渣车的构成：油水分离器、水气分离器、专用真空吸粪泵、容积压力表、管网系统、吸物导管、自流阀、真空罐体、连通器（视粪窗）、全自动防溢阀。

2. 潜污水电泵

潜污水电泵作为污水处理工程中最为常见的设备，目前已大量用于沼气工程中，可以对含固率4%左右的物料进行输送。

3. 手动抽沼渣器具

针对小型户用沼气工程，可以选用人工手动抽沼渣器具。

（1）抓卸器。专门用于从沼气池活动盖口捞取浮渣，简单实用。

（2）抽粪筒。使用直径100毫米左右，长1.5米左右的套管，内套一个带有橡胶活门的活塞及拉杆，即可用于抽取粪渣液。

四、肥料化设备

1. 固体有机肥生产线

沼气工程中料液经过厌氧发酵后通过溢流或泵出离开系统，沼液中固体物质含量为3%~8%。通过固液分离机后可以得到固态的沼渣和液态的沼液。沼渣可以经过好氧堆肥后再利用，经过堆肥处理后，再通过复配、干燥、筛分、冷却、造粒等工序加工成易于保存的有机固体肥。

有机肥主要生产设备一般包括：沼渣池螺旋输送机、配料辅料料仓、配料发酵菌仓、预混混合机、翻堆机、进料仓、粉碎进料输送机、粉碎机、混合进料输送机、混合机、筛分进料输送机、筛分机、成品输送机、成品仓、包装秤等主要设备。堆肥设备见图 1-2-5。

图 1-2-5　堆肥设备

2. 液肥浓缩生产设备

沼液是由人、畜粪便以及农作物秸秆等各种有机物经过厌氧发酵后的残余物。其速效营养能力强，养分可利用率高，能迅速被作物吸收利用，不但能提高作物的产量和品质，而且具有防病抗逆作用，是一种优质的有机液体肥料。

但沼液存在运输和存储成本高的缺点。养殖场的选址、布局、规模大小、粪污的处理工艺、污水排放量以及周边土地的多少，直接决定着沼液的运输和储存成本。据统计，每年全国畜禽粪污总排放量达30亿吨以上，总 COD 排放量 7 700万吨以上，是全国工业和生活污水排放总量的 5 倍多。

随着工业技术的进步，已有多种工艺技术可以达到浓缩沼液的目的。以沼液浓缩液为基础，加入适当的添加剂，配制液体有机肥料，或直接运输沼液浓缩液至种植区，可以实现沼液全区甚至全省大范围循环模式，从而避免沼液运输和存储成本高的问题。

膜处理技术是一种利用膜的透过性能，在推动力的作用下对水中的微粒、分子或离子进行过滤、分离、浓缩的技术，具有分离过程无相变，操作简便、选择性高等特点。

超滤的孔径范围在纳滤与微滤之间，为 0.001~0.02 米，截留分子量范围为 1 000~300 000道尔顿，操作压力一般为 0.7 兆帕以下。超滤膜利用膜孔对混合物进行机械分离以及对杂质进行吸附来实现混合组分的分离和提纯。基于以上特点，超滤能够有效的去除污水中旳悬浮微粒、胶体、细菌、蛋白质等物质，超滤过程无相变，不需要加热，不会引起产品的变性或失活。同时，超滤的过滤精度也决定了其不仅可以单独作为分离手段，还可以为更加精密的纳滤和反渗透作预处理，既能提高处理效果，还可以降低纳滤膜在运行过程中造成的污染，降低运行能耗。

纳滤，简称 NF，是介于反渗透和超滤之间的一种膜分离技术，是目前水处理领域的研究热点。纳滤膜对溶质的截留性能介于反渗透膜和超滤膜之间。NF 膜只对特定的溶质具有高脱除率，其孔径范围一般在 1~2 纳米，商用纳滤膜通常表面带有负电荷，对不同价态和不同电荷的离子具有相应不同的 Donann 电位，纳滤膜的孔径和表面特征决定了其独特的选择性。纳滤膜属于压力驱动膜，可在很低的操作压力下高效地脱除有毒有害物质，同时有效地保留水中对人体有益的微量元素。从结构上看，纳滤膜大多数是由不同材料的表层分离层和支撑层组成的。

反渗透技术，目前被认为是当今最先进、节能、有效的膜分离技术之一。反渗透膜是通过膜两侧静压差所产生的推动力，对液体混合物进行分离的选择性分离膜。在使用中通过水聚对废水进行外部加压而产生的反渗透压，来克服自然渗透压及膜的曲力，操作压力基本控制在 1.5~10.5 兆帕。因为反渗透膜的孔径极小（约10A），只能通过水和部分其他溶剂。

梁康强建立的沼液反渗透浓缩系统所产的透过液中，氨氮、COD 和电导率的去除率超过 90%，同时浓缩之后的沼液体积缩小了 75%~80%，养分浓度提高 4~5 倍，可用于沼液有机配方肥料的开发。

杨怀根据有机肥料配制原则和液体肥料国家标准，综合配制出 N－P205＝K20 为15：7：8 的有机液肥，并通过在发财树、辣椒、荠菜的随机区组试验，证明施用沼液肥后作物的光合指标、农艺指标、品质指标均好于常规施肥，并计算出 3 种作物的最佳施肥量分别为 750 千克/公顷、2 146 千克/公顷、1 516 千克/公顷。

第三节 综合利用安全常识

一、沼气爆炸和火灾预防

1. 爆炸预防措施

对设备、管道经常检查维护，防止沼气泄漏；沼气站内禁止使用明火，操作人员必须穿防静电服；沼气生产区、沼气储存区及沼气利用区等有沼气泄漏可能的区域应设置可燃气体报警措施，并与轴流风机进行联动调试，防止沼气的泄漏发生隐患；易燃易爆房间通风设备工作期间每小时换气 10 次，非工作期间按每小时换气 3 次；沼气输送及其他管道、阀门都经过气密性测试和认证，保证生产机输送过程中无泄漏危险；建议厌氧发酵系统内压力设计为微正压，保证在任何情况下，甚至出现气体泄漏时，厌氧发酵罐内也不会出现甲烷和空气的混合易爆气体；在每个发酵罐沼气出口处设置除沫器，破除出发酵罐沼气中夹带的飞沫、杂质，避免沼气中杂质过多造成沼气管道堵塞发酵罐内沼气输送不出的现象。

2. 火灾预防措施

（1）注意事项。沼气站内严禁烟火；经常检查可能发生火灾的地点，发现危险源及时处理；沼气站内的发电机、火炬均应做好除尘安全防护；工作人员必须穿防静电服，接地电阻、电气设备应经常检查以免发生电路短路引起火灾；电气设备要每天巡查，保证良好的工况。

（2）应急处理。当听到或看到沼气爆炸时，应背对爆炸地点迅速卧倒，如眼前有水，应俯卧或侧卧于水中，并用湿毛巾捂住鼻口。距离爆炸中心较近的作业人员，在采取上述自救措施后，迅速撤离现场，防止二次爆炸的发生；沼气爆炸后，应立即切断通往事故地点的一切电源，马上恢复通风，设法扑灭各种明火和残留火，以防再次引起爆炸。所有生存人员在事故发生后，应统一、镇定地撤离危险区；如有心跳、呼吸停止，立即在安全处进行人工心肺复苏，不要延误抢救时机。

（3）火灾的处理措施。一旦发生沼气泄漏，必须"先控制火源，后制止泄漏"；主控人员应该及时关掉阀门，切掉气源；储气罐着火灭火时要与火源保持尽可能大的距离进行灭火；用消防水枪对泄漏处进行稀释、降温；如果容器的安全阀发出声响，或容器变色，应迅速撤离；切记远离被大火吞没的贮罐；保持站内卫生，及时清扫落叶、污染物、散落秸秆等。尽量减少站内易燃物。

二、沼气窒息中毒和急救

沼气中毒，是指人们吸入了沼气而引起的急性全身性中毒。如果环境空气中沼气含量过高，氧气含量下降，就会使人发生窒息中毒，严重者会导致死亡。沼气中毒分为轻度、中度和重度。中毒较轻者表现为头痛、头晕；中度中毒者可见面部潮红，心跳加快，出汗较多；重度中毒者病情比较险恶，如出现深度昏迷，体温升高，脉搏加快，呼吸困难，同时出现大小便失禁等。这类病人如抢救不及时，会导致死亡。

一旦发生沼气窒息中毒的表现，需要立即进行抢救并呼叫120。首先在保证抢救人员自身安全的情况下（如佩戴有氧保护面罩等）将中毒人员移放到空气新鲜的地方，解开胸部纽扣和裤带，观察其生理状况，如有呼吸停止或心跳停搏现象，需立即进行人工呼吸或胸外心脏按压急救，中毒人员恢复心跳呼吸后或在医疗救护人员到达后急送至医院治疗。

需要强调的是抢救人员必须首先保证自身安全，才能对中毒人员进行施救，例如，佩戴有氧保护面罩或对环境进行送风等方式更新空气。历年来各地曾发生多起沼气中毒多人死亡事件，其中有很大部分是抢救人员不顾自身安危进入危险区域对中毒者进行施救，自身反而成为中毒人员丧失行动能力导致死亡。

三、肥料化安全施用常识

1. 施用沼肥的优势

有机肥是一种完全肥料，含有大量农作物生长发育所需要的营养成分，恰当地施用可以提高土壤肥力，改善土壤的理化性质，增加作物产量（郝秀珍，2007）。但目前畜禽粪便的成分与以往比已经发生了质的变化，特别是规模化畜禽养殖中由于添加剂的大量使用，产生的畜禽粪便含有有毒、有害污染物如重金属、兽药药残、盐分及有害菌等，若未经处理就直接施用，会危害农作物、土壤、地表水和地下水水质（徐伟朴，2004）。大量使用畜禽粪便也能引起土壤中溶解盐的积累，使土壤盐分增高，植物生长受影响。据报道，1999年在非洲有的牧场因畜禽粪便污染导致土壤发生盐渍化，土壤肥力下降（彭里，2005）。

施用有机肥对土壤肥力的影响主要表现在：

（1）改善土壤物理特性。能促进土壤团粒结构的形成；增加土壤的保水、保肥能力。（2）提高土壤养分储量。有机肥料的施用不仅能提高土壤有机质含量，而且通过微生物的分解或直接释放植物营养元素而供给植物养分，补充化肥养分单一和微量元素的不足。

有机质是土壤肥力的重要物质基础，而影响土壤肥力的关键因子是土壤有机碳，施用有机肥是提高土壤有机碳含量最有效也是最基本的途径（刘兆普，1994）。施用有机肥通过形成有机无机复合体和微团聚体不仅提高了有机质的数量，还能更新和活化老的有机质，改善腐殖质品质（陈恩风，1990）。

施用有机肥是保持和提高土壤氮贮量的有效措施（倪进治，2001）。畜禽粪便在土壤中以无机氮和有机氮两种形式存在，其中有机氮占全氮的80%以上。一般情况下，无机氮素容易直接被植物的根系吸收用于生长，但也易被固定、淋失损失，因此其氮素的利用率普遍偏低。土壤中的有机氮随时间的推移逐渐形成无机氮，被植物吸收利用。施用有机肥可明显提高40~60厘米土层的全氮和硝态氮含量（沈中泉，1986）。

2. 施用沼肥的风险

（1）重金属的累积。施肥是影响土壤重金属含量变化的重要因素之一。当今畜牧业生产中大量使用各种能促进生长和提高饲料利用率、抑制有害菌的微量元素添加剂，如 Zn、Cu、As 等金属元素添加剂。黄鸿翔等经调查发现，仔猪和生猪饲料中添加硫酸铜达 100~250 毫克/千克，添加的锌达 2 000~3 000毫克/千克。而这些无机元素在畜禽体内的消化吸收利用率极低，在排放的粪便中含量相当高，从而导致了畜禽粪便中含有超标的重金属残留（徐伟朴，2004）。在农田中长期大量施用含高量重金属元素的畜禽粪便，将造成土壤重金属的积累，并促进重金属向深层土壤迁移的能力，当累积到一定程度会阻碍作物正常生长并降低农产品质量，并且通过植物和动物的再次富集，直接影响到动物健康和畜产品的食用安全。

（2）对土壤 N、P 积累及流失的影响。由于某些畜禽饲养原料中氨基酸不平衡或蛋白质水平偏高、抗营养因子的作用及植酸的存在等因素，降低了动物对含氮和含磷化合物的吸收，多余的或不配套的氨基酸和植酸磷难以被消化而被排出体外，因此畜禽粪便中常常含有高量的氮磷。据计算，一个万头猪场的年排污量至少在 5 万吨以上，其中约含 150 吨氮和 40 吨磷（舒邓群，2001）。我国目前农村的面源污染中，35%~40%来源于畜禽粪便（黄鸿翔，2006）。

（3）有害病原微生物的污染。畜禽粪中含有大量的病原菌和有害微生物。畜禽体内的微生物主要通过消化道排出体外，粪便是微生物主要载体。已患病或隐形带病的家禽会随粪便排出多种病菌和寄生虫卵，如大肠杆菌、沙门氏菌和鸡金黄色葡萄球菌、禽流感病毒和马里克氏病毒，蛔虫卵和球虫卵等。

（4）盐分积累。为了增强畜禽食欲，有时饲料中还会添加一定的食盐，加之在饲料中常常添加了其他矿质营养物质，导致了畜禽粪便中盐分的积累。

（5）药物添加剂的污染。现代养殖业日益趋向于规模化、集约化，为了防治畜禽疾病、增强其抗病能力，使用抗生素、维生素、激素等，成为保障畜牧业发展必不可少的一环（梁红杏，2002）。滥用兽药的直接后果是导致兽药在动物性食品中的残留，其中约有 30%~90%的兽用抗生素以原药的形式随着畜禽粪便排泄出来。

第二章　沼气利用

随着化石能源日趋紧缺、生态环境逐渐恶化，沼气作为能源加以利用越来越成为人们的共识。沼气利用方式经历了从传统生活燃料到交通能源、现代工业的转变，利用方式逐渐多样，利用领域不断拓宽（田兰等，1984）。

第一节　沼气燃烧特性

沼气是有机物质在厌氧环境中，在一定的温度、湿度和酸碱度条件下，经过微生物的发酵作用而生成的一种可燃气体。沼气是一种混合气体，其燃烧特性由其成分决定。

一、沼气性能

一般情况下，沼气中除甲烷和二氧化碳外，还有少量的氮气、一氧化碳、氢气、硫化氢、氧气。其中甲烷、一氧化碳、氢气、硫化氢是可燃气体，二氧化碳和氮气是惰性气体；甲烷含量一般为 50%~70%，二氧化碳一般为 25%~40%；沼气与空气的密度之比为 0.85∶1，略比空气轻，沼气的容重为 1.22 千克/立方米，其燃烧范围占空气体积的 8.8%~24.44%（张全国，2013）。

二、沼气燃烧

由于沼气中主要成分甲烷的着火温度较高，故沼气的着火温度相对较高，且沼气中大量存在的二氧化碳对燃烧具有强烈的抑制作用，故沼气的燃烧速度较慢。

沼气中的甲烷、氢气、硫化氢等可燃成分，与空气按一定比例混合后，一遇明火即燃烧，散发出光和热。当沼气完全燃烧时，火焰呈蓝白色，火苗短而急，同时伴有微弱的咝咝声。沼气的理论燃烧温度为 1 807.2~1 943.5℃。沼气完全燃烧的化学反应方程式如下。

$$CH_4 + 2O_2 \longrightarrow CO_2 + 2H_2O + 35.91MJ \qquad (2-1)$$

$$H_2 + 0.5O_2 \longrightarrow H_2O + 10.8MJ \tag{2-2}$$

$$H_2S + 1.5O_2 \longrightarrow SO_2 + H_2O + 23.38MJ \tag{2-3}$$

沼气燃烧的空气需要量

(1) 沼气燃烧的理论空气需要量。燃料在燃烧时，如果所含的碳、氢、硫都分别与氧化合生成二氧化碳、水蒸气、二氧化硫，这种燃烧就称为完全燃烧。燃料燃烧时所需的氧气都是从空气中取得的，使1千克（或1立方米）燃料完全燃烧时供给的最少空气量称为"理论空气需要量"，即单位体积的沼气按照燃烧反应计量方程式完全燃烧所需要的空气体积。当甲烷和二氧化碳在沼气中的体积分数不同时，沼气燃烧的理论空气需要量会有所不同（参见表2-1），可由式（2-4）来确定。

$$V^0 = \sum_{i=1}^{n} r_i V^0_{\ i} \tag{2-4}$$

式中：

V^0——沼气燃烧的理论空气需要量，立方米/立方米；

n ——沼气中可燃组分的种数；

r_i ——沼气中第 i 种可燃组分的体积分数，%；

V^0_i——沼气中第 i 种可燃组分的理论空气需要量，由各可燃组分的完全燃烧化学反应式确定，立方米/立方米。

(2) 沼气燃烧的实际空气需氧量。沼气燃烧的理论空气需要量是沼气燃烧所需要空气体积的最小值。在实际工况中，由于沼气和空气的混合存在不均匀性，如果只供给沼气燃烧设备理论空气需要量，则无法实现沼气的完全燃烧。因此，沼气燃烧所供应的空气量往往较理论空气量为多，此时供应的空气量称为实际空气需要量。实际空气需要量与理论空气需要量之比称为沼气燃烧的过剩空气系数，由式（2-5）确定。

$$\alpha = V/V^0 \tag{2-5}$$

式中：

α ——沼气燃烧的过剩空气系数；

V ——沼气燃烧的实际空气需要量，立方米/立方米；

V^0——沼气燃烧的理论空气需要量，立方米/立方米。

在实际工况中，α 的数值取决于沼气的燃烧产物和沼气燃烧设备的运行情况。对于民用及公用燃烧设备，α 一般为 1.30~1.80；对于工业燃烧设备，α 一般为 1.05~1.20。α 过小，则导致不完全燃烧；α 过大，则增加烟气量，降低燃烧温度，增加排烟热损失，从而使热效率降低。

由于燃烧所需的空气量和由此产生的烟气是设计和改造各种燃烧装置所必需的基本参数，同时也是设计空气供给装置、烟囱、烟道等设施和计算烟气温度、用气设施热效

率和热平衡的基本数据，因此合理选择和计算 α 值显得尤为重要。

三、沼气燃烧产物

1. 沼气的燃烧产物

沼气经燃烧后所生成的烟气统称为沼气燃烧产物。由于沼气燃烧产物中携带的灰粒和未燃尽的固体颗粒所占比例极小，因此一般不考虑烟气中的固体成分。燃气的燃烧产物与燃烧的完全程度有很大关系，即与空气的供给量密切相关，所以进行燃烧产物分析时，必须考虑 α 值。

当 $\alpha = 1$ 时，此时沼气完全燃烧产生的烟气量称为沼气燃烧的理论烟气量。理论烟气的组分为二氧化碳、二氧化硫、氮气和水，包含水在内的烟气称为湿烟气，不包含水在内的烟气称为干烟气。当甲烷和二氧化碳在沼气中的体积分数不同时，沼气燃烧的理论烟气量会有所不同（表 2-1-1）。

沼气燃烧的理论烟气量可由式（2-6）确定。

$$V_f^0 = V_{CO_2} + V_{SO_2} + V_{N_2} + V_{H_2O} \tag{2-6}$$

式中：

V_f^0 ——沼气燃烧的理论烟气量，立方米/千克；

V_{CO_2} ——单位质量沼气完全燃烧后烟气中的二氧化碳气体体积，立方米/千克；

V_{SO_2} ——单位质量沼气完全燃烧后烟气中的二氧化硫气体体积，立方米/千克；

V_{N_2} ——单位质量沼气完全燃烧后烟气中的氮气体积，立方米/千克；

V_{H_2O} ——单位质量沼气完全燃烧后烟气中的水蒸气体积，立方米/千克。

当 $\alpha > 1$ 时，沼气可以完全燃烧，但此时的烟气量除了上述理论烟气量外，还需考虑过剩空气量以及由过剩空气带入的水汽量，此时的烟气量称为沼气燃烧的实际烟气量。

沼气燃烧的实际烟气量可由式（2-7）确定。

$$V_f = V_f^0 + (\alpha - 1) V^0 + 0.00161d(\alpha - 1) V^0 \tag{2-7}$$

式中：

V_f ——沼气燃烧的实际烟气量，立方米/千克；

V_f^0 ——沼气燃烧的理论烟气量，立方米/千克；

α ——沼气燃烧的过剩空气系数；

V^0 ——沼气燃烧的理论空气需要量，立方米/立方米；

d ——空气含湿量，克/千克。

当 $\alpha < 1$ 时，会造成沼气燃烧不完全，此时，实际烟气的组分除了二氧化碳、二氧化硫、氮气、氧气和水，还可能会出现一氧化碳、甲烷、硫化氢和氢气等可燃气体，此

时的烟气量亦称为沼气燃烧的实际烟气量。

对于沼气燃烧而言，理论烟气量与理论空气需要量相对应，实际烟气量与实际空气需要量相对应。因此，理论烟气量和实际烟气量同样也是设计和改造各种燃烧装置所必需的基本数据，在沼气利用中发挥着重要的作用。

2. 沼气热值

沼气的热值是沼气的理化特性之一，取决于沼气中可燃组分的多少，是指单位质量或单位体积的沼气完全燃烧时所能释放出的最大热量，是衡量沼气作为能源利用的一个重要指标。

沼气的热值分为高热值和低热值。高热值是沼气的实际最大可发热量，其中包含元素氢燃烧后形成的水及沼气中本身含有的水分的汽化潜热。由于实际燃烧过程中，沼气燃烧后产生的水分以水蒸气的形式随烟气一起排放了，因此这部分能量无法使用，沼气的实际发热量其实是低热值，即从高热值扣除了这部分汽化潜热后所净得的发热量。当甲烷和二氧化碳在沼气中的体积分数不同时，沼气的低热值会有所不同（表2-1-1）。

沼气的低热值可由沼气中各单一可燃气体的低热值计算得到，计算方法如式（2-8）。

$$Q_{net} = \sum_{i=1}^{n} r_i Q_{net\ i} \qquad (2-8)$$

式中：

Q_{net} ——沼气的低热值，为 22 154~24 244 千焦/立方米；

n ——沼气中可燃组分的种数；

r_i ——沼气中第 i 种可燃组分的体积分数，%；

$Q_{net\ i}$ ——沼气中第 i 种可燃组分的低热值，千焦/立方米。

表 2-1-1 沼气的主要特性参数

项目	CH_4（50%）CO_2（50%）	CH_4（60%）CO_2（40%）	CH_4（70%）CO_2（30%）
密度（千克/标准状态下立方米）	1.347	1.221	1.095
相对密度	1.042	0.944	0.847
理论空气需要量（立方米/立方米）	4.76	5.71	6.67
理论烟气量（立方米/立方米）	6.763	7.914	9.067
低热值（千焦/立方米）	17 937	21 524	25 111
着火浓度极限（%）上限/下限	26.10/9.52	24.44/8.80	20.13/7.00
燃烧速度（米/秒）	0.152	0.198	0.243

第二节　沼气热能利用

目前，无论发达国家还是发展中国家，都在致力于可再生能源的研究，以应对传统能源带来的能源危机和环境恶化。沼气作为一种良好的代用燃料，属于地面生物质能源，完全燃烧时温度可达 1 400~2 000℃，并放出大量的热，燃烧后的产物是二氧化碳和水蒸气，不会产生严重污染环境的气体。

一、户用炊事用气

沼气可用于炊事，一般四五口人之家，每天只需 1.5 立方米沼气便能解决餐饮及生活用能，可相当于 2~3 立方米城市煤气。沼气的户用炊事用气设施包括：燃气表、沼气灶。这些用气设施使用低压沼气，用气设施进气端的沼气压力要控制在 0.75~1.5P_n 的范围内（P_n 为燃具的额定压力）。

1. 户用炊事用气设施及其安装

由于沼气和天然气、液化石油气等燃气在成分上有所差异，除燃气表可以通用以外，燃烧设施不能通用。

（1）燃气表。家用燃气表通常为膜式结构。膜式燃气表属于容积式机械仪表，膜片运动的推动力依靠燃气表进出口处的气体压力差，在压力差的作用下，膜片产生不断的交替运动，从而把充满计量室内的燃气不断地分隔成单个的计量体积（循环体积）排向出口，再通过机械传动机构与计数器相连，实行对单个计量体积的计数和单个计量体积量的运算传递，从而可测得（计量）流通的燃气总量（图 2-2-1）。

图 2-2-1　膜式燃气表

燃气表达到标准规定技术指标要求的最大流量叫燃气表的容量。制造厂商根据用户不同要求按标准生产不同容量规格的燃气表。一般来说，不可能生产出一种规格燃气表适应各种使用要求。例如：J1.6C 型燃气表其公称流量为 1.6 立方米/小时，最大额定流量为 2.5 立方米/小时。这样的燃气表就不可能满足一个大企业、饭店的使用要求。燃气表在超出量程、超出允许条件的情况下使用，就不能保证其功能的实现。容量的选取应根据最大用气量来决定，正常使用时燃气流量应该在燃气表最大额定流量的 20%～70% 范围内。计算最大容量时不仅要看到当前情况，还要考虑到今后燃气用途的发展，例如，不仅要满足当前燃气灶、热水器耗气量的要求，还要考虑到燃气烤箱、燃气壁挂炉等使用的可能性。

燃气表应安装在不燃结构室内，通风良好且便于查表、检修的地方。严禁安装在以下地方：卧室、浴室、更衣室及厕所内；有电源、电器开关及其他电器设备的管道井内，或有可能滞留泄漏沼气的隐蔽场所；环境温度高于 45℃ 的地方；经常潮湿的地方；堆放易燃、易腐蚀或有放射性物质等危险的地方。

燃气表应垂直安装，不得有明显倾斜现象。燃气表高位安装时，表底距地面不小于1.4 米；燃气表低位安装时，表底距地面不得小于 0.1 米；燃气表装于燃气灶具上方时，燃气表与燃气灶具水平净距不得小于 0.3 米。

（2）沼气灶。沼气灶是指以沼气为燃料进行直火加热的厨房用具，如图 2-2-2 所示。作为炊事用能的主要燃具，沼气灶具须具有一定的热负荷，燃烧稳定性好，燃烧充分，热效率高，结构合理。按燃烧器头数可分为单头（单眼）灶、双头（双眼）灶、多头（多眼）灶；按点火及控制方式可分为压电陶瓷沼气灶、电脉冲电子打火沼气灶、带熄火保护装置沼气灶等。

图 2-2-2　沼气灶

沼气灶使用时会产生明火，一旦燃气泄漏，可能会引起火灾、爆炸等安全事故，部分沼气灶产品使用交流电，还可能产生电击事故，因此对沼气灶的安全性能要求很高。在安全使用上，沼气灶的选用要考虑以下几个方面。

①气密性：沼气灶一旦出现泄漏，会引起爆炸、火灾等事故，造成人身伤亡和财产

损失。因此国家标准对漏气量的要求十分严格，规定从沼气入口到阀门，漏气量不大于0.07升/小时，自动控制阀门的漏气量不大于0.55升/小时，同时从沼气入口到燃烧器火孔无燃气泄漏。

②烟气中一氧化碳浓度：沼气燃烧会产生一氧化碳和二氧化碳等废气，其中一氧化碳具有剧毒，且中毒不易被察觉。沼气灶的燃烧废气多数直接排放在厨房中，不能即时排至室外。烟气中一氧化碳浓度过高，会造成潜在危险，国家标准规定干烟气中一氧化碳的体积分数不大于0.05%。

③熄火保护装置：沼气灶可能会出现因溢汤、风吹等造成的意外熄火情况，如果没有控制措施，沼气会大量泄漏，其后果十分严重。为防止泄漏，沼气灶必须加装熄火保护装置，熄火保护装置一般有热电式和离子感应两种控制方式。

④电气安全性能：部分沼气灶具因功能多元化和控制的智能化使用了交流电，沼气灶多用在湿热的厨房环境，因此对此类灶除了在燃气方面的安全要求外，还有对其电气安全性能的严格要求，要有防触电保护措施、可靠的接地措施、较大的绝缘电阻、较小的泄漏电流和足够耐电压强度，以保证此类灶的使用安全。

沼气灶的选择，除了安全方面的考虑，还要考虑其热工性能指标。

热负荷即加热功率，该参数是燃气灶最主要的热工性能指标之一。热负荷的高低由产品结构和燃气燃烧系统决定。一般灶的热负荷在3~5千瓦，国家标准规定双眼或多眼灶有一个主火，主火折算热负荷：红外线型不小于3千瓦，其他类型不小于3.5千瓦，同时规定实测折算热负荷与标称值的偏差不超过10%。

热效率是指沼气灶热能利用的效率，是衡量沼气灶热工性能最重要的指标，嵌入式灶热效率的总体水平比台式灶低，嵌入式灶热效率不低于50%，台式灶热效率不低于55%。

沼气灶应安装在有自然通风和自然采光的厨房内。利用卧室的套间（厅）或利用与卧室连接的走廊作厨房时，厨房应设门并与卧室隔开。安装沼气灶的房间净高不宜低于2.2米。沼气灶与墙面的净距不小于10厘米。当墙面为可燃或易燃材料时，应加防火隔热板。沼气灶的灶面边缘距木质家具的净距不得小于20厘米，当达不到时，应加防火隔热板。放置沼气灶的灶台应采用不燃烧材料，当采用易燃材料时，应加防火隔热板。

2. 户用炊事用气设施排烟

沼气燃烧所产生的烟气必须排到室外。设有直排式燃具的室内容积热负荷指标超过207瓦/立方米时，必须设置有效的排气装置将烟气排至室外。

3. 户用炊事用气设施的电气系统

用气设施的电气系统和建筑物电线、包括地线之间的电气连接要符合国家有关电气规范的规定。电点火、燃烧器控制器和电气通风装置，在电源中断情况下或电源重新恢复时，不应使用气设施出现不安全工作状况。自动操作的主燃气控制阀、自动点火器、室温恒温器、极限控制器或其他电气装置（这些都与用气设施一起使用的）使用的电路应符合随设备供给的接线图的规定，使用电气控制器的所有用气设施，应当让控制器连接到永久带电的电路上，不能使用照明开关控制的电路。

4. 户用炊事沼气用户厨房设施

厨房应设置窗户，以便通风和采光，灶台、橱柜和水池的布局要合理。

厨房内应设置固定砖砌灶台或柜式灶台，台面贴瓷砖，地面用水泥、地砖等硬化材料处理。

灶台长度大于100厘米，宽度大于55厘米，高度为65厘米，沼气调控净化器距灶台的水平距离为50厘米，距离地面的垂直距离为150~170厘米，如图2-2-3所示。

灶台上方可选择使用自排油烟抽风道、排油烟机或排烟风扇等通风设施。

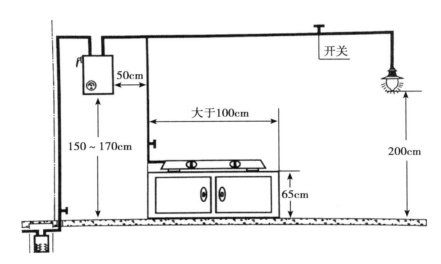

图2-2-3 户用炊事沼气用户厨房设施布局

二、农村集中供气

农村沼气集中供气系统一般由储气设施、沼气管网、调压设施、监控系统等组成。储气设施、压力级制、调压设施及沼气管网的布置，必须优先考虑沼气供应的安全性和可靠性，保证不间断向用户供气（杨振海等，2017）。

沼气的储存：沼气储气柜一般分为低压湿式储气柜、低压干式储气柜和高压干式储气柜三种类型。

（1）低压湿式储气柜。低压湿式储气柜（图2-2-4）国内技术成熟，虽然造价较高，但运行可靠、管理方便并具有输送沼气所需的压力。具体分为螺旋导轨储气柜、外导架直升式储气柜、无外导架直升式储气柜。

①螺旋导轨储气柜（图2-2-4a）：一般适合作大型储气柜，优点是用钢材较少；缺点是抗倾覆性能不好，对导轨制造、安装精度要求高。

②外导架直升式储气柜（图2-2-4b）：一般适合作中小型储气柜，优点是加强了储气柜的刚性，抗倾覆性好，导轨制作安装容易，缺点是外导架比较高，施工时高空作业和吊装工作量较大，钢耗比同容积的螺旋导轨储气柜略高。

③无外导架直升式储气柜（图2-2-4c）：结构简单，导轨制作容易，钢材消耗小于有外导架直升式储气柜，但其抗倾覆性能最低，一般仅用于小的单节储气柜。

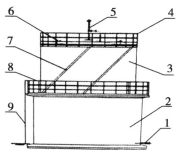

a. 螺旋导轨储气柜

1. 进气管；2. 水封池；3. 钟罩；4. 钟罩栏杆；5. 放空管

6. 检修人孔；7. 导轨；8. 水封池栏杆；9. 水封池爬梯

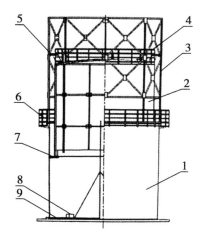

b. 外导架直升式储气柜

1. 水封池；2. 钟罩；3. 外导架；4. 钟罩栏杆；5. 外导轮

6. 水封池栏杆；7. 下导轮；8. 钟罩支墩；9. 进气管

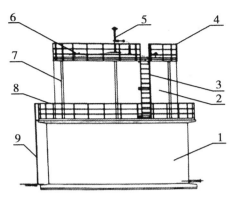

c. 无外导架直升式储气柜

1. 水封池；2. 钟罩；3. 钟罩爬梯；4. 钟罩栏杆；5. 放空管

6. 检修人孔；7. 导轨；8. 水封池栏杆；9 水封池爬梯

图 2-2-4　低压湿式储气柜

（2）低压干式储气柜。低压干式储气柜（图 2-2-5）可分为筒仓式储气柜、低压单膜/双膜储气柜和低压储气袋。

①筒仓式储气柜（图 2-2-5a）：可大大减少基础荷重，在储气柜底板及侧板全高1/3 的下半部要求气密，而侧板全高 2/3 的上半部分及柜顶不要求气密，可以设置洞口以便工作人员进入活塞上部进行检查和维修。此类型储气柜主要采用稀油密封和柔膜密封的方式进行气体密封。

②低压单膜储气柜：由抗紫外线的双面涂覆聚偏氟乙烯（polyvinylidene fluoride，PVDF）涂层的外膜材料制作，特点是单层结构，保温效果好于钢结构，但差于双层膜结构。双膜储气柜（图 2-2-5b）采用双层构造，内层采用沼气专用膜，外层采用抗老化的外膜材料，同时可以起到保持外形和保证恒定工作压力的作用。

③低压储气袋：材质可采用进口塑胶，为了满足储气袋的安全使用，可在储气袋外围建有圆筒形钢外壳，较典型的是利浦储气柜（图 2-2-5c）。

（3）高压干式储气柜。高压干式储气柜系统主要由缓冲罐、压缩机、高压干式储气柜、调压箱等设备组成。缓冲罐容积应根据厌氧发酵装置产气量而定，一般情况下以20~30 分钟升降一次为宜。压缩机应采用防爆电源，以保证系统的安全运行，所选择压缩机的流量应大于发酵装置产气量的最大值，但不宜超过太多，以免造成浪费。在北方应建压缩机房，以确保压缩机在寒冷条件下能够正常工作。高压储气柜内的压力一般为0.8 兆帕，应选择有相关资质厂家生产的产品，并在当地安检进行备案。

各类储气柜的优缺点及适应性见表 2-2-1。

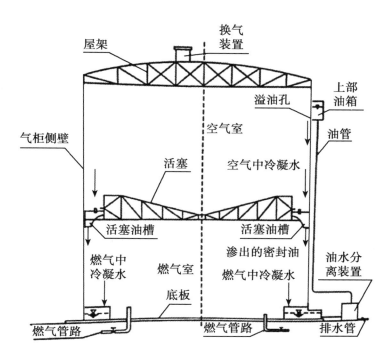

a. 采用稀油密封的筒仓式储气柜

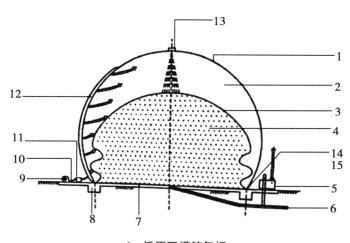

b. 低压双模储气柜

1. 外膜；2. 空气室；3. 内膜；4. 沼气储存室；5. 压力保护器

6. 排水管；7. 基础；8. 预埋件；9. 鼓风机；10. 空气管；11. 单向阀

12. 空气供气通道；13. 超声波探头；14. 上压板；15. 压紧螺栓

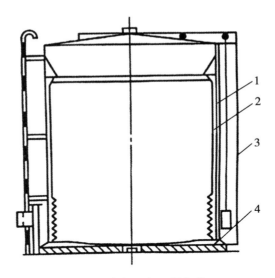

c. 利浦储气柜（低压储气袋）

1. 利浦罐体；2. 储气袋；3. 附属装置；4. 底板

图 2-2-5 低压干式储气柜

表 2-2-1 各类储气柜的优缺点及适应性

分类		优缺点	适应性
低压湿式储气柜（压力：0～5千帕）	螺旋导轨储气柜外导架直升式储气柜无外导架直升式储气柜	优点：制造技术成熟、运行可靠、管理方便、具备沼气传输所需的压力 缺点：造价高、易腐蚀，冬季可能结冰	适用于供气距离较长、寒冷季节不结冰的情况
低压干式储气柜（压力：0～5千帕）	筒仓式储气柜低压单膜/双膜储气柜低压储气袋	优点：相对湿式储气柜占地面积小、基础设施投资可节省30%、生产、安装周期缩短1/3 缺点：压力低，耗能高	适用于供气距离较短、定时供气的阶段
高压干式储气柜（压力：0～0.8兆帕）	—	优点：占地面积小、压力大，可实现远距离输气，输气过程无需保温，降低输送管网建造成本 缺点：工艺复杂、施工要求高、需定期维护	适用于供气距离较长的情况

三、沼气的用气量和供气压力

居民生活和商业用气量指标应根据当地居民生活和商业用气量统计分析确定，也可参考类似地区的居民生活和商业用气量确定。没有相关资料时，居民生活用沼气量可按每户每天 1.0~1.5 立方米计算，未预见气量按总气量 5%~8% 考虑。

沼气须具备一定的供气压力才能进行输送和使用。通常情况下，沼气储气柜的压力为 3~5 千帕，可在输气管道尺寸选择合适时满足半径 500 米范围内大部分用气设备的进口端压力要求。在长距离传输、有大量用气设备同时使用的情况下，则需要通过增压和调压，以保证用气设施的压力要求。沼气的供气压力可采用低压供气（小于 0.01 兆帕）或中压 B 级供气（大于 0.01 兆帕且小于 0.2 兆帕），较少采用中压 A 级供气（大于 0.2 兆帕且小于 0.4 兆帕），一般不采用高压供气。

1. 沼气管道的材质

根据管道材质，沼气管道可分为钢管、聚乙烯塑料管或钢骨架聚乙烯塑料复合管等，所选用的管材必须符合相关标准规定。管道材质主要特点分别如下。

（1）钢管。钢管按制造方法分为无缝钢管及焊接钢管。在沼气输配中，常用直缝卷焊钢管。钢管按表面处理不同分为镀锌（白铁管）和不镀锌（黑铁管）。按壁厚不同分为普通钢管、加厚钢管及薄壁钢管 3 种。

钢管是燃气输配工程中使用的主要管材，具有强度大、严密性好、焊接技术成熟等优点，但耐腐蚀性差，需进行防腐。管道防腐层宜采用挤压聚乙烯防腐层、熔结环氧粉末防腐层、双层环氧防腐层等，普通级和加强级的防腐层基本结构应符合表 2-2-2 规定。

表 2-2-2　钢质沼气管道防腐层基本结构

防腐层	基本结构	
	普通级	加强级
挤压聚乙烯防腐层	≥120 微米环氧粉末	≥120 微米环氧粉末
	≥170 微米胶黏剂	≥170 微米胶黏剂
	1.8~3.0 毫米聚乙烯	2.5~3.7 毫米聚乙烯
熔结环氧粉末防腐层	≥300 微米环氧粉末	≥400 微米环氧粉末
双层环氧防腐层	≥250 微米环氧粉末	≥300 微米环氧粉末
	≥370 微米改性环氧	≥500 微米改性环氧

埋地钢管应根据工程的具体情况，可选用石油沥青、聚乙烯防腐胶带、环氧煤沥青、聚乙烯热塑涂层及氯磺化聚乙烯涂料等。埋地钢管应根据管道所经地段的地质条件和土壤的电阻率确定土壤的腐蚀等级和防腐涂料层等级（表 2-2-3）。暴露在大气中的沼气钢质管道应选用漆膜性能稳定、表面附着力强、耐候性好的防腐涂料，并根据涂料要求对管道表面进行处理。管道外表面应涂以黄色的防腐识别漆，采用涂层保护埋地敷设的钢质沼气干管宜同时采用阴极保护。

表 2-2-3　土壤腐蚀等级与防腐涂层等级

土壤腐蚀等级	低	中	较高	高	特高
土壤电阻率（Ω）	＞100	100～20	20～10	10～5	＜5
防腐涂层等级	普通级		加强级		特加强级

（2）聚乙烯塑料管。聚乙烯塑料管是传统钢管的换代产品。燃气管必须承受一定的压力，通常要选用分子量大、机械性能较好的聚乙烯树脂。由于其卫生指标较高，低密度聚乙烯（LDPE）树脂特别是线性低密度聚乙烯（LLDPE）树脂已成为燃气管的常用材料。LDPE 树脂、LLDPE 树脂的熔融黏度小，流动性好，易加工，因而对其熔融指数（MI）的选择范围也较宽，通常 MI 在 0.3～3.0 克/10 分钟之间。

聚乙烯塑料管优点包括：密度小，只有钢管的 1/4，运输、加工、安装均很方便；电绝缘性好，不易受电化学腐蚀、使用寿命可达 50 年，比钢管寿命长 2～3 倍；管道内壁光滑，抗磨性强，沿程阻力较小，避免了沼气中杂质的沉积，提高输气能力；具有良好的挠曲性、抗震能力强，在紧急事故时可夹扁抢修，施工遇有障碍时可灵活调整；施工工艺简便，不需除锈、防腐，连接方法简单可靠，管道维护简便。

聚乙烯塑料管缺点包括：比钢管强度低，一般只用于低压，高密度聚乙烯管最高使用压力为 0.4 兆帕；在氧气及紫外线作用下易老化，因此不应架空铺设；对温度变化极为敏感，温度升高材料弹性增加、刚性下降、制品尺寸稳定性差；而温度过低材料变硬、变脆，又易开裂；刚度差，如遇管基下沉或管内积水，易造成管路变形和局部堵塞；属非极性材料，易带静电，埋地管线查找困难，用在地面上作标记的方法不够方便。

（3）钢骨架聚乙烯塑料复合管。钢骨架聚乙烯塑料复合管是一款改良过的新型管道。这种管道是用高强度过塑钢丝网骨架和热塑性塑料聚乙烯为原材料，钢丝缠绕网作为聚乙烯塑料管的骨架增强体，以高密度聚乙烯（HDPE）为基体，采用高性能的 HDPE 改性黏结树脂将钢丝骨架与内、外层高密度聚乙烯紧密地连接在一起，使之具有优良的复合效果。因为有了高强度钢丝增强体被包覆在连续热塑性塑料之中，因此这种复合管克服了钢管和聚乙烯塑料管各自的缺点，而又保持了钢管和聚乙烯塑料管各自的优点。

（4）沼气管道的布置安装和气压调节。沼气易燃易爆，因此沼气管道的安全必须得到可靠保证。沼气管道应设置防止超压的安全保护装置和浓度报警装置，同时沼气管道的防雷、防静电等措施也必须可靠。在进出建筑物的沼气管道的进出口处，室外的屋面管、立管、放散管、引入管和沼气设备等处均应有防雷、防静电接地设施。此外，为保障沼气管道的安全，还必须设置放空管、紧急切断阀、沼气浓度检测报警器等安全设施。

2. 室外沼气管道的布置安装

室外沼气管道应能够安全可靠地满足各类用户的用气量和供气压力。在布置安装室外沼气管道时，首先应满足沼气使用上的要求，同时也要尽量缩短管道长度，节省投资、减少浪费。室外沼气管道的布置安装应依据全面规划、远近结合、近期为主、分期建设的原则。

在布置安装室外沼气管道时，特别应注意如下具体事项。

室外沼气管道干管的位置应靠近大型用户；

为保证沼气供应的可靠性，室外沼气管道干管应逐步连成环状；

室外沼气管道应少占良田，尽量靠近公路敷设，并避开规划用地；

室外沼气管道不得与其他管道或电缆同沟敷设；

室外沼气管道严禁在高压电缆走廊、易燃易爆材料或具有腐蚀性液体的堆放场所、固定建筑物下面、交通隧道敷设；

室外沼气管道不得穿越河底敷设；

室外沼气管道宜采用埋地敷设，埋地困难时，钢管可采用架空敷设；

室外沼气管道埋地敷设时，应埋设在土壤冰冻线以下；

室外沼气管道埋地敷设时，应尽量避开主要交通干道，避免与铁路、河道交叉；当室外沼气管道穿越铁路、高速公路或城镇主要干道时应符合现行的国家有关标准；当室外沼气管道穿越一般道路、给排水管（沟）、热力管（沟）、地沟、隧道等设施时，应设置套管；

室外沼气管道埋地敷设时，地基宜为原土层，凡可能引起管道不均匀沉降的地段，都应对其地基进行处理；

室外埋地沼气管道与建筑物、构筑物或相邻管道之间的水平净距，应满足表 2-2-4 的要求；

室外埋地沼气管道与构筑物或相邻管道之间垂直净距，应满足表 2-2-5 的要求；

室外沼气管道架空敷设时，可沿耐火等级不低于二级的住宅或公共建筑的外墙或支柱敷设；

室外架空沼气管道与铁路、道路及其他管线交叉时的垂直净距，应满足表 2-2-6 的要求。

表 2-2-4 室外埋地沼气管道与建筑物、构筑物或相邻管道之间的水平净距

单位：米

项目	室外埋地沼气管道压力（兆帕）		
	低压<0.01	中压	
		0.01≤B≤0.2	0.2≤A≤0.4
建筑物基础	0.7	1.0	1.5
给水管	0.5	0.5	0.5

（续表）

项目		室外埋地沼气管道压力（兆帕）		
		低压<0.01	中压	
			0.01≤B≤0.2	0.2≤A≤0.4
污水、雨水排水管		1.0	1.2	1.2
电力电缆（含电车电缆）	直埋	0.5	0.5	0.5
通信电缆	直埋	0.5	0.5	0.5
	在导管内	1.0	1.0	1.0
其他燃气管道	DN≤300毫米	0.4	0.4	0.4
	DN>300毫米	0.5	0.5	0.5
热力管	直埋	1.0	1.0	1.0
	在管沟内（至外壁）	1.0	1.5	1.5
电杆（塔）的基础	≤35千伏	1.0	1.0	1.0
	>35千伏	2.0	2.0	2.0
通讯照明电杆（至电杆中心）		1.0	1.0	1.0
铁路路堤坡脚		5.0	5.0	5.0
有轨电车钢轨		2.0	.0	2.0
街树（至树中心）		0.75	0.75	0.75

表2-2-5　室外埋地沼气管道与构筑物或相邻管道之间垂直净距　单位：米

项目		室外埋地沼气管道（当有套管时，以套管计）
给水管、排水管或其他沼气管道		0.15
热力管的管沟底（或顶）		0.15
电缆	直埋	0.50
	在导管内	0.15
铁路轨底		1.20
有轨电车（轨底）		1.00

表2-2-6　室外架空沼气管道与铁路、道路、其他管线交叉时的垂直净距

单位：米

建筑物和管线名称	最小垂直净距	
	沼气管道下	沼气管道上
铁路轨顶	6.0	—
城市道路路面	5.5	—
厂区道路路面	5.0	—
人行道路路面	2.2	—

（续表）

建筑物和管线名称		最小垂直净距	
		沼气管道下	沼气管道上
架空电力线，电压	3 千伏以下	—	1.5
	3~10 千伏	—	3.0
	35~66 千伏	—	4.0
其他管道，管径	≤300 毫米	同管道直径，但不小于 0.10	同左
	>300 毫米	0.30	0.30

3. 室内沼气管道的布置安装

室内沼气管道包括沼气引入管和沼气室内管。沼气引入管是指室外配气支管与用户室内沼气进口管总阀门之间的管道。沼气室内管是指用户室内沼气进口管总阀门与用气设施之间的管道。

沼气引入管的类型，各地根据各自具体情况，做法不完全相同，按引入方式可分为地下引入和地上引入。在采暖地区输送湿燃气的引入管一般由地下引入室内，当采取防冻措施时，也可由地上引入；在非采暖地区或输送干燃气时，且管径不大于 75 毫米的，则可由地上直接引入室内。

在布置安装室内沼气管道时，特别应注意如下具体事项：

①沼气引入管应直接从室外管引入厨房或其他用气设施房间，沼气室内管不得敷设在易燃易爆品仓库和有腐蚀性介质的房间、配电间、变电室、电缆沟、烟道及进风道等地方；②沼气管道严禁引入卧室。当沼气水平管道穿过卧室、浴室或地下室时，必须采用焊接连接并安装在套管中；沼气管道进入密闭室时，密闭室必须进行改造，并设置换气口，其通风换气次数每小时不得小于 3 次；③沼气引入管穿过建筑物基础、墙或管沟时，均应设在套管内；套管与沼气管之间用沥青、油麻填实，热沥青封口；套管穿墙孔洞应与建筑物沉降量相适应；④沼气引入管与沼气室内管的连接方法与使用管材不同。当沼气室内管及沼气引入管为钢管时，一般采用焊接或丝接；当沼气室内管为塑料管、沼气引入管为钢管时，一般采用钢塑接头；⑤沼气室内管应明设。当建筑或工艺有特殊要求时沼气室内管可暗设，但应符合下列要求：暗设的沼气立管，可设在墙上的管槽或管道井中，暗设的沼气水平管，可设在吊顶或管沟中；暗设沼气管道的管槽应设活动门和通风孔；暗设沼气管道的管沟应设活动盖板，并填充干沙；工业和实验室用的沼气管道可敷设在混凝土地面中，其沼气管道的引入和引出处均应设套管，套管应伸出地面50~100 毫米，套管两端应采用柔性的防水材料密封；沼气管道应有防腐绝缘层；暗设的沼气管道可与空气、惰性气体、供水管道、热力管道等一起敷设在管道井、管沟或设备层中，但沼气管道应采用焊接连接；沼气管道不得敷设在可能渗入腐蚀性介质的管沟

中；当敷设沼气管道的管沟与其他管沟相交时，管沟之间应密封，沼气管道应敷设在钢套管内；敷设沼气管道的设备层和管道井应通风良好；每层的管道井应设与楼板耐火极限相同的防火隔断层，并应有进出方便的检修门；沼气管道应涂以黄色的防腐识别漆；⑥沼气室内管与电气设备、相邻管道之间的最小净距，应满足表2-2-7的要求；⑦沿墙、柱、楼板等明设的沼气室内管应采用管卡、支架或吊架固定；⑧沼气室内管水平敷设高度，距室内地坪不应低于2.2米，距厨房地坪不应低于1.8米，距顶棚不应小于0.15米；⑨沼气室内管的水平坡度不应小于0.003，且分别坡向立管和灶具；⑩沼气室内管应在流量计和用气设施前分别设置阀门；⑪大中型用气设施的管道上应设置放散管。放散管管口应高出屋脊1米以上，并应采取防止雨雪进入管道和吹洗放散物进入房间的措施；⑫沼气室内管与民用沼气灶的连接可采用软管连接，其设计应符合下列要求：连接软管的长度不应超过2米，中间不应有接口；沼气用软管宜采用耐油橡胶专用燃气软管；软管与沼气管道、沼气灶等用气设施的连接处应采用压紧螺帽或管卡固定；软管不得穿墙、窗和门。

表2-2-7 沼气室内管与电气设备、相邻管道之间的最小净距　　　单位：米

管道和设备	与沼气管道的净距	
	平行敷设	交叉敷设
明装的绝缘电线或电缆	0.25	0.10（注）
暗装或管内绝缘电线	0.05（从所做的槽或管子的边缘算起）	0.01
电压小于1 000伏的裸露电线	1.00	1.00
配电盘或配电箱、电表	0.30	不允许
电插座、电源开关	0.15	不允许
相邻管道	保证沼气管道、相邻管道的安装和检修	0.02

注：当明装电线加绝缘套管且套管的两端各伸出沼气管道0.10米时，套管与沼气管道的交叉净距可降至0.01米；当布置确有困难，在采取有效措施后，可适当减小净距

4. 沼气管道的气压调节

沼气管道的气压调节是为了保证沼气压力能够满足沼气用气设施的使用要求而采取的技术措施。在沼气供气中，常用的调压装置有调压箱和调压器。调压装置的主要技术参数包括：气体流量、进口压力、出口压力、工作温度、稳压精度等。

在一般情况下，当自然条件和周围环境许可时，调压装置宜设置在露天，但要设置围墙、护栏或车挡。当受到地上条件限制时，调压装置可设置在地下单独的建筑物内或地下单独的箱内，但必须符合现行国家标准《输气管道工程设计规范》（GB 50251）的

要求。无采暖的调压装置的环境温度应能保证调压装置的活动部件正常工作，无防冻措施的调压装置的环境温度应大于0℃。

调压箱是中压沼气管网的重要组成部分，是将中压沼气管网内压力降至适合沼气用气设施使用压力的设备，可用于居民小区、公共用户、直燃设备、沼气锅炉、工业炉窑等的供气压力调节，因其结构紧凑、占地面积小、节省投资、安装使用方便等优势得到广泛的应用。调压箱内部的基本配置包括：进口阀门、出口阀门、过滤器、调压器和相应的测量仪表，也可加装波纹补偿器、超压放散阀、超压切断阀等附属设备。同时，根据使用情况和用户要求，调压箱可以组装成单路（1+0）、单路加旁通（1+1）、双路（2+0）、双路加旁通（2+1）、多路并联等结构形式。其中，单路加旁通（1+1）调压箱、双路（2+0）调压箱如图2-2-6、图2-2-7所示。

图2-2-6　单路加旁通（1+1）调压箱

单路调压箱配有一路调压系统。由于维护检修时必须停气，所以单路调压箱一般用于可以间断供气的用户。

双路调压箱配有两路调压系统，其中一路调压系统运行使用，另外一路调压系统保障安全。这样，在不影响用气的情况下就可以实现调压系统的维护检修。因此，双路调压箱一般用于必须连续供气的用户。如果两路调压系统都配装了超压切断阀，通过对切断压力的不同设定，即可实现自动切换功能。

调压箱的安装应符合以下要求：（1）调压箱的箱底距地坪的高度宜为1.0~1.2米，可安装在用气建筑物的外墙壁上或悬挂于专用的支架上；当安装在用气建筑物的外墙上时，调压器进出口管径不宜大于DN50。（2）调压箱到建筑物的门、窗或其他通向室内的孔槽的水平净距不应小于1.5米；调压箱不应安装在建筑物的窗下和阳台的下的墙上；不应安装在室内通风机进风口墙上。（3）安装调压箱的墙体应为永久性的实体墙，其建筑物耐火等级不应低于二级。（4）调压箱的沼气进、出口管道之间应设旁通管，

图 2-2-7　双路 （2+0） 调压箱

用户调压箱 （悬挂式） 可不设旁通管。

5. 调压器

调压器俗称减压阀，也叫燃气调压阀，是通过自动改变流经调节阀的燃气流量而使出口燃气保持规定压力的设备。调压器按照作用方式可分为直接作用式调压器和间接作用式调压器两种。直接作用式调压器、间接作用式调压器如图 2-2-8、图 2-2-9 所示。

图 2-2-8　直接作用式调压器

直接作用式调压器由测量元件 （薄膜）、传动部件 （阀杆） 和调节机构 （阀门） 组成。当出口后的用气量增加或进口压力降低时，出口压力就下降，这时由导压管反映的压力使作用在薄膜下侧的力小于膜上重块 （或弹簧） 的力，薄膜下降，阀瓣也随着阀杆下移，使阀门开大，燃气流量增加，出口压力恢复到原来给定的数值。反之，当出口后的用气量减少或进口压力升高时，阀门关小，流量降低，仍使出口压力得到恢复。出

图 2-2-9 间接作用式调压器

口压力值可用调节重块的重量或弹簧力来设定。直接作用式调压器工作原理如图 2-2-10 所示。

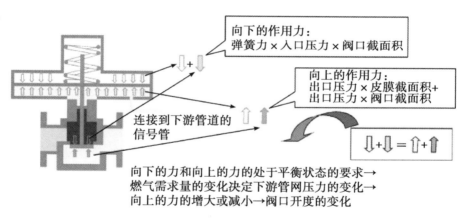

向下的作用力：
弹簧力×入口压力×阀口截面积

向上的作用力：
出口压力×皮膜截面积+
出口压力×阀口截面积

连接到下游管道的信号管

$$\Downarrow + \Downarrow = \Uparrow + \Uparrow$$

向下的力和向上的力的处于平衡状态的要求→
燃气需求量的变化决定下游管网压力的变化→
向上的力的增大或减小→阀口开度的变化

图 2-2-10 直接作用式调压器工作原理

间接作用式调压器由主调压器、指挥器和排气阀组成。当出口压力低于给定值时，指挥器的薄膜就下降，使指挥器阀门开启，经节流后的燃气补充到主调压器的膜下空间，使主调压器阀门开大，流量增加，出口压力恢复到给定值。反之，当出口压力超过给定值时，指挥器薄膜上升，使阀门关闭，同时，由于作用在排气阀薄膜下侧的力使排气阀开启，一部分燃气排入大气，使主调压器薄膜下侧的力减小，阀门关小，出口压力也即恢复到给定值。间接作用式调压器工作原理如图 2-2-11 所示。

调压器的安装应符合以下要求：（a）在调压器入口或出口处，应设防止沼气出口压力过高的安全保护装置，当调压器本身带有安全保护装置时可不设。（b）调压器的

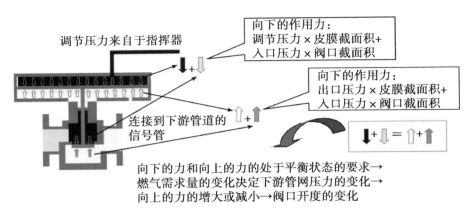

调节压力来自于指挥器

向下的作用力：
调节压力×皮膜截面积+
入口压力×阀口截面积

向下的作用力：
出口压力×皮膜截面积+
入口压力×阀口截面积

连接到下游管道的
信号管

⬇+⬇=⬆+⬆

向下的力和向上的力的处于平衡状态的要求→
燃气需求量的变化决定下游管网压力的变化→
向上的力的增大或减小→阀口开度的变化

图 2-2-11　间接作用式调压器工作原理

安全保护装置宜选用人工复位型，安全保护（放散或切断）装置必须设定启动压力值，启动压力不应超过出口工作压力上限的50%，且应使与低压管道直接相连的沼气用气设施处于安全工作压力以内。

四、其他热能利用

1. 沼气烘干玉米

目前，我国农村的粮食干燥主要靠日晒，收获后如果遇到连日阴雨天气，往往造成霉烂。利用沼气烘干粮食，就可有效地解决这个问题。

（1）烘干办法。四川农民的做法是：用竹子编织一个凹形烘笼，取5~6块火砖围成一个圆圈，作烘笼的座台。把沼气炉具放在座台正中，用一个铁皮盒倒扣在炉具上，铁皮盒离炉具火焰2~3厘米。然后把烘笼放在座台上，将湿玉米倒进烘笼内，点燃沼气炉，利用铁盒的辐射热烘笼内的玉米。烘一小时后，把玉米倒出来摊晾，以加快水蒸气散发。在摊晾第一笼玉米时，接着烘第二笼玉米，摊晾第二笼玉米时，又回过来烘第一笼玉米。每笼玉米反复烘2次，就能基本烘干，贮存不会生芽、霉烂；烘3次，可以粉碎磨面；烘4次，可以达到相应的干度。从现象观察，烘第一笼玉米时，烘笼冒出大量的水蒸气，烘笼外壁水珠直滴；烘第二次时，水蒸气减少，烘笼外壁已不滴水，但较湿润；烘第3次时，水蒸气微少，烘笼外壁略有湿润；烘第4次时，水蒸气全无，烘笼外壁干燥，手翻动玉米时，发出干燥声。

（2）沼气烘干的优点。成本低，工效高。编一个竹烘笼，只需竹子15千克左右，可用几年。一个烘笼，一次可烘玉米90多千克，烘一天，相当于几床晒席在烈日下翻晒两天的工效；操作简单、节省劳力。用沼气烘干玉米，只需一人操作，点燃沼气后，还可兼做其他事情，适合一家一户使用。沼气烘干花生、豆类的方法，与烘干玉米的方法类似。

（3）注意问题。烘笼底部的突出部分不能编得太矮。矮了，烘笼上部玉米或花生、豆类等堆得太厚，不易烘干；编织烘笼宜采用半干半湿的竹子，不宜用刚砍下的湿竹子。湿篾条编制的烘笼，烘干后缝隙扩大，玉米、豆类容易漏掉；准备留作种子用的玉米、花生、豆类等不宜采用这种强制快速烘干法。

2. 沼气烤制竹椅

四川农民有烤制竹椅的传统家庭副业。传统方式是用薪柴、木炭或煤油等常规能源来烘烤竹子，制作竹椅。由于薪柴、木炭或煤油火力不易控制，污染严重，烘烤制作的竹椅成色难以保证，常被烟尘熏黑，影响外观。改用燃烧沼气烤制竹椅，既清洁卫生、操作方便，又节约常规能源，生产的竹椅无烟痕，无污染，光洁度和色泽都好，销售快，成为竹器市场上有竞争能力的抢手货，促进了制作竹制品家庭副业的发展。

3. 沼气升温育秧

温室育秧是解决水稻提早栽插，促进水稻早熟高产的一项技术措施。利用沼气作为育秧温室的升温燃料，具有设备简单、操作方便、成本低廉、易于控温、不烂种、发芽快、出苗整齐、成秧率高、易于推广等优点，是沼气综合利用的一项实用新技术（张无敌等，2016）。

具体做法如下。

（1）修建育秧棚，砌筑沼气灶。选择背风向阳的地方，用竹子和塑料薄膜搭成育秧棚。棚内用竹子或木条做成秧架，底层距离地面30厘米，其余各层秧架间隔均为20厘米。在架上放置用竹笆或苇席做成的秧床。在棚内一侧的地面上，砌筑一个简易沼气灶，灶膛两侧的中上部位，分别安装一根打通了节的竹管，从灶内伸出棚外，以排出沼气燃烧时的废气。灶内放一沼气炉，灶上放一口锅。在秧棚另一侧的塑料薄膜上开一小窗口，以便用喷雾器从窗口向秧床上喷水保湿。小窗用时揭开，不用时关闭。

（2）浸种、催芽。培育早稻秧苗，最好先用沼液浸种。浸种的方法：将经过精选的谷种用塑料编织袋装好，放入正常使用的沼气池出料间浸泡一定时间，取出后洗净。浸种后再用常规方法催芽。待种子均匀破口露白后，按每平方米秧床1.36～2.27千克的播种量，将谷种均匀撒播在秧床上。谷种和秧床之间，铺两层浸湿的草纸（报纸和有光纸不行）隔开，以利保湿透气。

（3）加强管理。把已播上谷种的秧床放到秧架上，在秧棚内的两端各挂一支温度计，然后将塑料薄膜与地面接触的边沿用泥沙土压实。向锅内倒满热水，点燃沼气炉，关闭小窗口。出苗期要求控制较高的温度和湿度以保出苗整齐。第一天，育秧棚内温度保持在35～38℃。第二天保持在32～35℃，每隔一定时间，向谷种上喷洒20～25℃的温水，并调换上下秧笆的位置，使其受热均匀。还要随时注意向锅内添加开水，以防烧干。经过 35~40 小时，秧针可达 2.7~3 厘米，初生根开始盘结。第三天保持在 30~32℃，湿度以秧苗叶尖挂露水而根部草纸上不渍水为宜。第四天保持在 27~29℃。第五天后保持在 24~26℃。当秧苗发育到 2 叶 1 芯时，就可移出秧棚，栽入秧田进行寄秧。

（4）需要注意的问题。和常规育秧一样，播种前要对谷种进行精选、晾晒和消毒处理，以保证种子纯净、饱满、无病、生命力强，为培育壮秧提供良好的条件；采用沼液浸种后，一定要用清水将谷种洗净，以防烂芽；育种棚内的温度不能过高或过低，温度第一天应达到 38℃，然后缓慢下降，到第五天时应保持在 25℃ 左右，这样可以避免谷种营养物质消耗过快，秧苗纤细瘦弱。同时，要始终保持谷种和草纸的湿润；要根据谷种的播种量，确定育秧棚的大小；要加强沼气池的管理，以保证育秧棚内正常使用沼气。

第三节　沼气照明利用

沼气在照明方面的应用是通过沼气灯来实现的。沼气灯是广大农村沼气用户重要的沼气用具，特别是在偏僻、边远无电力供应的地区，用沼气灯进行照明，其优越性尤为显著。

一、生活照明

1. 沼气灯的结构

沼气灯是把沼气的化学能转变为光能的一种装置，由喷嘴、引射器、泥头、纱罩、反光罩、玻璃灯罩等部件组成。分吊式和座式两种。灯的头部是由多孔陶瓷燃烧头及纱罩组成一个混合式辐射器。沼气通过输气管，经喷嘴进入气体混合室，与从进气孔进入的一次空气混合。然后从泥头喷火孔喷出燃烧，在燃烧过程中得到二次空气补充。燃烧在多孔陶瓷泥头和纱罩之间进行，由于燃烧温度较高，纱罩上的硝酸钍在高温氧化成氧化钍。而氧化钍是一种白色的结晶体，在高温下能激发出可见光，供照明用。一盏沼气灯的照明度相当于 60~100 瓦白炽电灯，其耗气量只相当于炊事灶具的 1/6~1/5。

2. 沼气灯安装及使用注意事项

新灯使用前，应不安纱罩进行试烧，如火苗呈浅蓝色，短而有力，均匀的从泥头孔中喷出，呼呼发响，火焰又不离开泥头燃烧，无脱火、回火等现象，表明灯的性能好，即可关闭沼气阀门待泥头冷却后安上纱罩。

新纱罩初次点燃时，要求有较高的沼气压力，以便有足够的气量将纱罩烧成球形。对已燃烧、发好的纱罩，在点灯时，启动压力应徐徐上升，以免冲破纱罩。

点灯时，应先点火后开气，待压力升至一定高度、燃烧稳定、亮度正常后，为节约沼气，可调旋开关稍降压力，但亮度仍可不变。

3. 沼气灯故障的排除

纱罩外层出现蓝色飘火，经久不消失，是带进的空气不足，应将灯盘按顺时针方向旋转，逐渐加大空气进气量，调至不见明火，发出白光，亮度最佳为止。调节后，如仍出现飘火，这时喷嘴孔径过大，应更换孔径小的喷嘴。

纱罩不发白光而呈红色时，是因为沼气太少或空气太多，应将灯盘按反时针方向旋转，逐渐减少空气进气量，调节后如仍出现红火，应更换大孔径的喷嘴。

沼气在纱罩外燃烧，灯光发红，调节无效，由沼气灯结构不合理导致，例如，引射器太短、喷嘴孔过大或不同心、烟气排除不良、泥头破损或纱罩未扎牢，应更换所需的零部件或另选结构合理的沼气灯。有时燃烧处于良好状态，而灯不发白光，这是纱罩质量不佳或存放时间过长受潮的缘故，应马上更换纱罩。

沼气灯不发火，是喷嘴堵塞，应取下喷嘴，用缝衣针扎通；沼气灯光不稳，则说明输气管中积水较多或管道不畅通，可打开排冷凝水的阀门排除管道内的冷凝水或疏通管道。

4. 沼气灯诱虫喂鱼

除日常生活照明外，沼气灯还有些别的生活小用处，如沼气灯诱虫喂鱼。沼气灯诱虫喂鱼的好处很多。一是能直接消灭农作物的害虫喂鱼，变害为利，降低种植业、养殖业的生产成本；二是获得高蛋白的精饲料，鱼类长得快、肉嫩味美；三是灯光诱杀害虫，无农药污染，有利于环保卫生和农业生态良性循环。因此，它的直接和间接经济效益都十分显著。经测算，每盏灯平均每年可多长种苗30千克，3盏灯全年获纯利600元左右，不到半年便可收回其全部投资。其技术要点为：沼气灯架设在鱼池内，高度距水面70~80厘米，用简易三脚架固定，灯的安装方式以"一点两线""长藤结瓜"、背向延伸为宜，输气管道的内径随沼气灯距气源的远近而增减。一般当距离为30米、50米、100米、150米、200米时，其内径分别为12毫米、16毫米、20毫米、24毫米、26毫米才能达到最佳光照强度。一般每50平方米水面安装3盏沼气灯为宜。

二、温室照明

1. 沼气灯照明升温育雏鸡

沼气灯亮度大、升温效果好、调控简单、成本低廉，用沼气灯升温育雏能使雏鸡生长发育良好，成活率高，其具体方法如下。

将沼气灯吊在距育雏箱0.65米左右的上方，沼气灯点燃后，要控制好输气开关，并按日龄进行调温。第一周龄的雏鸡，适宜温度为34~35℃，第二周龄为32~33℃，第三周龄为28~30℃，第四周龄为25℃左右。对1~2日龄的雏鸡应采用沿气灯24小时连续光照，随后逐渐缩短光照时间。

调节温度时，其原则为初期高一些，后期低一些；夜间高些，白天低一些；体弱的高一些，体强的低一些。

注意事项：调节温度，通风换气，精心喂养，防疫防病。

2. 沼气灯照明提高母鸡产蛋率

利用沼气灯对产蛋母鸡进行人工光照，并合理地控制光照时间和强度，能使母鸡新陈代谢旺盛，促进和加快母鸡的卵细胞发育、成熟，达到多产蛋的目的。沼气灯对产蛋母鸡进行人工光照，应选择在日落后或凌晨进行。一般可按每10平方米的鸡舍点燃一盏沼气灯，每天定时光照。开始每天2~3小时，以后逐渐延长，一次延长时间最多不超过1小时，每天总光照时间最长不宜超过17小时，同时要保证母鸡的营养。

3. 沼气灯保温贮藏红苕

红苕，又称甘薯或红薯，盛产于我国南方，是高产作物。传统的贮藏方式是地窖贮藏，但每年当窖内温度低于9℃时，常常烂苕严重，造成损失。20世纪80年代后期以来，四川农民用沼气灯保温贮藏红苕，好苕出窖率比常规窖贮提高50%左右。具体做法如下。

（1）建好苕窖。建筑一个长2.3米、宽2米、高2.3米的苕窖，可贮藏3 500千克通风孔，窖四周墙壁的上、下部，分别设有等距离的碗口大的七个通风孔，离开墙壁竖立一排竹竿，围捆成架，在竹架的里侧遮竹笆，竹笆的高度不超过墙壁上部的通风孔。窖内地面上，等距离放置两行石条（或砖块），石条（或砖块）上，先铺竹竿，后盖竹笆。在竹笆中部，竖立一个直径约为25厘米的竹编圆柱形通气筒，气筒的高度接近墙壁上部通风孔。

（2）选苕入窖。窖贮红苕要进行选择，病害苕和锄口损伤不能入窖。红苕入窖时要轻拿轻放，贮量不能太满，避免红苕接触墙壁和地面，以利保温透气，防止霉烂。窖内顶上装上沼气灯，窖内苕堆中要安放1~2支温度计，以便观察温度变化。

（3）沼气灯保温。窖贮红苕，最适宜的温度是9~10℃，如果苕窖内温度下降，就要点燃窖内的沼气灯。如果温度下降到5℃时，就要立即将墙上的通风孔全部堵塞，用沼气灯升温，直到窖内温度达到9℃时才关掉沼气灯。如果窖内温度超过10℃时，就要打开通风孔。总之要经常将窖内的温度保持在9~10℃。

第四节　沼气发电利用

沼气发电以沼气为燃料，通过燃烧带动发动机运行，进而驱动发电机发电，产生的电能输送给用户或并入电网，发电余热可用于沼气发酵增温或周边用户取暖等。沼气发电是随着沼气工程建设和沼气综合利用不断发展而出现的沼气利用方式，具有增效、节能、安全、环保等优点，是一种应用广泛的分布式能源开发技术（吕增安等，2011）。

一、发电自用

1. 沼气发电动力类型

沼气以燃烧方式发电，是利用沼气燃烧产生的热能直接或间接地转化为机械能并带动发电机而发电。沼气作为多种动力设备的燃料，如内燃机、燃气轮机、锅炉等。在内燃机、燃气轮机中，燃料燃烧释放的热量通过动力发电机组和热交换器转换再利用，相对于不进行余热利用的锅炉（蒸汽轮机）机组，其综合热效率要高。而采用沼气发动机方式的结构最简单，而且具有成本低、操作简便等优点。燃料电池发电则是将燃料所具有的化学能直接转换成电能，又称电化学发电器，是一种新型的沼气发电技术。目前，内燃机发电是沼气发电最常用的方式。

（1）内燃机。将沼气作为内燃机的燃料用于发电的尝试始于 20 世纪 20 年代的英国，30 年代开始回收发电余热用于沼气发酵过程增温，这是现代沼气发电、热电联产系统的原始形态。70 年代初期，国外在处理有机污染物的过程中，为了合理高效地利用厌氧消化所产生的沼气，开始普遍使用往复式内燃机进行沼气发电。到 80 年代，我国科研机构和生产企业对内燃机沼气发电机组进行了大量研究和开发，形成了系列化产品。

内燃机是指燃料在一个或多个气缸内燃烧，推动工作活塞作往复运动，将沼气的化学能转化为机械功而输出轴功率的机械装置，内燃机如图 2-4-1 所示。沼气发动机一般分为压燃和点燃两种型式。

图 2-4-1 内燃机

压燃式发动机采用柴油和沼气双燃料，通过压燃少量的柴油以点燃沼气进行燃烧做功。这种发动机的特点是可调节柴油与沼气的燃料比，当沼气供应正常时，发动机引燃油量可保持基本不变，只改变沼气供应量来适应外界负荷变化；当沼气不足甚至停气时，发动机能够自动转为燃烧柴油的工作方式。这种方式一般用在小型沼气发电项目中，对供电负荷可靠性连续性要求较高的场合般不会并网运行。缺点是系统复杂，所以大型沼气发电并网工程往往不采用这种发动机，而采用点燃式沼气发动机。

点燃式沼气发动机采用单一沼气燃料，特点是结构简单，操作方便，一般采用较低的压缩比，用火花塞使沼气和空气混合气点火燃烧，而且无需辅助燃料，适合中大型沼气工程。沼气通过内燃机燃烧，产生的废气可以采用热交换器或者余热锅炉回收利用，该系统稍微复杂，但具有较好的经济效益、环保效益和社会效益。

沼气内燃机发电系统主要由以下几部分组成。

①沼气净化及稳压防爆装置：供发动机使用的沼气需要先经过脱硫装置，以减少硫化氢对发动机的腐蚀。沼气进气管路上安装稳压装置，便于对沼气流量进行调节，达到最佳的空燃比。另外，为防止进气管回火，应在沼气总管上安置防回火与防爆的装置。

②沼气内燃机（发动机）：与通用的内燃机一样，沼气内燃机也具有进气、压缩、燃烧膨胀做功及排气四个基本过程。由于沼气的燃烧热值及特点与汽油、柴油不同，沼气内燃机必须适合于甲烷的燃烧特性，一般具有较高的压缩比，点火期比汽、柴油机提前，必须采用耐腐蚀缸体和管道等。

③交流发电机：与通用交流发电机一样，没有特殊之处，只需与沼气内燃发动机功率和其他要求匹配即可。

④废热回收装置：采用水—废气热交换器、冷却水—空气热交换器及预热锅炉等废热回收装置回收由发动机排出的废热尾气，提高机组总能量利用率。回收的废热可用于沼气发酵料液的升温保温。

内燃机发电具有以下特点。

①发电效率较高：内燃机的电能转换效率明显高于普通燃气轮机和蒸汽轮机。燃气内燃机的发电效率通常在30%~45%。

②可燃用低热值气体：现代燃气内燃机组采用了先进的电子控制技术和空气—燃料混合比控制装置，燃料利用范围和种类扩大，可以燃用沼气和生物质煤气等较低热值的气体燃料。

③可直接利用低压气源：燃气内燃机可以利用自身的增压涡轮对燃气进行加压，因此可以利用低压气源。沼气储气和输配气系统多采用低压系统，与这一特点能够实现较好的匹配。

④使用功率范围宽、适应性好：目前，燃气内燃机单机最小功率不到1千瓦，最大功率已达4兆瓦，同一型号的燃气内燃机可以适应各种不同用途的需要，可以实现全负

荷及部分负荷运转，开停机迅速、调峰能力强、机械效率高、运行可靠、维修简便。

（2）微型燃气轮机。微型燃气轮机是一类新近发展起来的小型热力发动机，其单机功率范围为 25~300 千瓦，基本技术特征是采用径流式叶轮机械（向心式透平和离心式压气机）以及回热循环，与小型航空发动机的结构类似。为了提高效率，普遍采用了回热循环技术。

除了分布式发电外，微型燃气轮机还可用于备用电站、热电联产、并网发电、尖峰负荷发电等，是提供清洁、可靠、高质量、多用途、小型分布式发电及热电联供的最佳方式，无论对中心城市还是远郊农村甚至边远地区均能适用。

目前，Capstone、Turbec 和 Ingersoll Rand 等公司开发出了多种机型用于发电和热电联产，Capstone 微型燃气轮机沼气发电项目如图 2-4-2 所示。Capstone 公司生产的微型燃气轮机的主要组成部分包括：发电机、离心式压缩机、透平、回热器、燃烧室、空气轴承、数字式电能控制器（将高频电能转换为并联电网频率 50/60 赫，提供控制、保护和通讯）。这种微型燃气轮机的独特设计之处在于它的压缩机和发电机安装在一根转动轴上，该轴由空气轴承支撑，在一层很薄的空气膜上以 96 000 转/分钟转速旋转。这是整个装置中唯一的转动部分，它完全不需要齿轮箱、油泵、散热器和其他附属设备。

图 2-4-2 Capstone 微型燃气轮机沼气发电项目

微型燃气轮机发电具有以下特点。

①结构简单紧凑：微型燃气轮机使高速交流发电机与内燃机同轴，组成一台紧凑的高转速透平交流发电机。

②操作维护简便、运行成本低、使用寿命长：采用空气轴承和空气冷却，无须更换润滑油和冷却介质，每年的计划检修仅是在全年满负荷连续运行后，进行更换空气过滤网、检查燃料喷射器和传感器探头等工作。机组首次维修时间大于 8 000 小时，降低了维护费用。微型燃气轮机的寿命都在 40 000 小时以上。

③噪声小且排放低：微型燃气轮机振动小，因此噪声小，比如 Turbec 的 T100 在 1

米处的噪声值为 70 分贝，Capstone 的 C200 在 10 米处的噪声值为 65 分贝。同时，微型燃气轮机的废气排放少。

④发电效率低于内燃机：目前，微型燃气轮机的发电效率仍低于燃气内燃机的发电效率。有回热的微型燃气轮机的发电效率能够达到 20%～33%。但是，由微型燃气轮机组成的冷热电联产系统的效率可以超过 80%。

（3）沼气燃料电池。燃料电池（Fuel Cell），是一种使用燃料进行化学反应产生电力的装置，最早于 1839 年由英国的 Grove 所发明。最常见是以氢氧为燃料的质子交换膜燃料电池，由于燃料价格便宜，加上对人体无化学危险、对环境无害，发电后产生纯水和热，20 世纪 60 年代应用在美国军方，后于 1965 年应用于美国双子星座计划双子星座 5 号飞船。现在也有一些笔记型电脑开始研究使用燃料电池。但由于产生的电量太小，且无法瞬间提供大量电能，只能用于平稳供电上。

燃料电池是一个电池本体与燃料箱组合而成的动力机制。燃料的选择性非常多，包括氢气、甲醇、乙醇、天然气、沼气，甚至于现在运用最广泛的汽油，都可以作为燃料电池的燃料。这是目前其他所有动力来源无法做到的。

燃料电池以特殊催化剂使燃料与氧发生反应产生二氧化碳和水，因不需推动内燃机、涡轮等发动机，也不需将水加热至水蒸气再经散热转变成水，所以能量转换效率高达 70% 左右，足足比一般发电方式高出了约 40%；另外，二氧化碳排放量比一般发电方式低很多，产生的水又无毒无害。

沼气燃料电池是一种备受关注的沼气发电新技术，该技术是在一定的条件下，将经过严格净化后的沼气进行烃裂解反应，以产生出以氢气为主的混合气体，然后将此混合气体以电化学方式进行能量转换，实现沼气发电。沼气燃料电池系统一般由 3 个单元组成：燃料处理单元、发电单元和逆变器单元。燃料处理单元主要部件是改质器，它以镍为催化剂，将甲烷转化为氢气；发电单元就是燃料电池，基本部件由两个电极和电解液组成，氢气和氧气在两个电极上进行电化学反应，电解液则构成电池的内回路；逆变器单元的功能是把直流电转换为交流电。燃料电池的工作原理如图 2-4-3 所示。

沼气用作燃料的情况下，在前段的改质器中通过甲烷制取氢气。在保持高温的改质器中，水变为水蒸气，水蒸气和甲烷反应后生成氢气和二氧化碳或氢气和一氧化碳，然后一氧化碳再次与水蒸气反应生成氢气和二氧化碳。总体来说，1 摩尔甲烷可以生成 4 摩尔氢气和 1 摩尔二氧化碳，在此过程中必须有外部能量供给。沼气燃料电池改质器中的化学反应方程式如下：

$$CH_4 + 2H_2O \rightarrow 4H_2 + CO_2 \qquad (2-9)$$

$$CH_4 + H_2O \rightarrow 3H_2 + CO \qquad (2-10)$$

$$CO + H_2O \rightarrow H_2 + CO_2 \qquad (2-11)$$

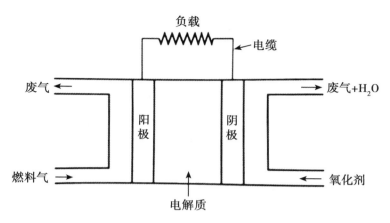

图 2-4-3　燃料电池的工作原理

沼气燃料电池技术与其他沼气发电技术相比，具有以下优点：首先，能量转化效率高，实际的能量转化效率可达 40% 以上，有废热回收的系统总的能量利用率为 70% 以上；其次，生态环境友好，沼气燃料电池没有或极少有污染物排放，而且运行时基本没有噪声。然而另一方面，沼气燃料电池对沼气的品质要求较高，甲烷含量需要达到 85% 以上，硫化氢浓度需要达到 5.5 毫升/立方米以下，沼气的提质要求比其他沼气发电技术更加严格。

2. 内燃机沼气发电站系统

（1）沼气电站系统组成。内燃机沼气发电仍然是目前最为普遍采用的沼气发电方式。内燃机沼气电站系统由以下几部分组成：供气系统、沼气发电机组、冷却系统、输配电系统、设备管控系统和余热利用系统等。由沼气发酵装置产出的沼气，经过脱水、脱硫后储存在沼气储气装置中。在沼气储气装置自身压力作用下或经过沼气输送设备将沼气再从沼气储气装置导出，经脱水、稳压后供给沼气发动机，驱动与沼气发动机相连接的发电机而产生电力。沼气发动机排出的冷却水和烟气中的热量，通过余热回收装置回收余热，作为沼气发酵装置或其他用热设施的热源（图 2-4-4）。根据运行方式不同，内燃机沼气电站可以分为孤岛运行沼气电站和并网运行沼气电站。

（2）沼气发电机组选型。沼气发电机组的设备选型是沼气发电工程设计的重要环节，而沼气发电机组的装机容量是设备选型的主要内容，应根据沼气量及其低热值由式（2-12）确定。

$$P = k(V \times Q_{\text{net}}/g_{\text{h}}) \tag{2-12}$$

式中：

P ——沼气发电机组的装机容量，千瓦；

k ——装机余量与发电机组效率的综合比例系数，为 1.08~1.20；

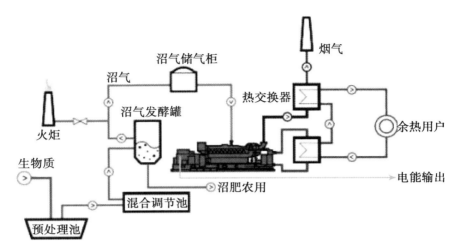

图 2-4-4　沼气电站系统组成

V　　——每小时最大沼气量换算为标准状况下的体积，立方米/小时；

Q_{net}　——沼气的低热值，为 22 154~24 244 千焦/立方米；

g_h　　——沼气发电机组的热耗率，千焦/（千瓦·时）。

另外，还需要注意以下事项：

并联运行的沼气发电机组，应考虑有功功率及无功功率的分配差度对沼气发电机组功率的影响；启动最大容量的电动机时，总母线电压不宜低于额定值的80%；总装机容量大于或等于 200 千瓦且发电不允许间断的电站，应设置备用机组，备用机组的数量宜按用 3 备 1；当沼气发电机组的实际工作条件比产品技术条件规定恶劣时，其输出功率应按有关规定换算出试验条件下的发动机功率后再折算成电功率，此电功率不应超过发电机组的额定功率。

二、发电并网

沼气电站属于分布式电源，即位于用户附近，所发电能就地利用，以 10 千伏及以下电压等级接入电网，且单个并网点总装机容量不超过 6 兆瓦的发电项目。

分布式电源接入配电网系统如图 2-4-5 所示。图中接点包括并网点、接入点和公共连接点。

（1）并网点。对于有升压站的分布式电源，并网点为分布式电源升压站高压侧母线或节点；对于无升压站的分布式电源，并网点为分布式电源的输出汇总点。如图 2-4-5所示，A1、B1 分别为分布式电源 A、B 的并网点，C1 为常规电源 C 的并网点。

（2）接入点。接入点是指电源接入电网的连接处，该电网既可能是公共电网，也

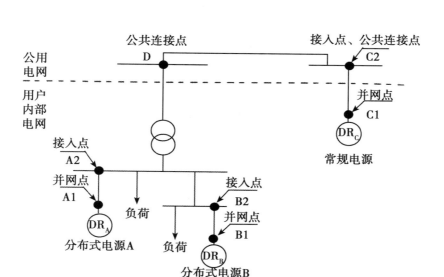

图 2-4-5　分布式电源接入配电网系统

可能是用户电网。如图 2-4-5 所示，A2、B2 分别为分布式电源 A、B 的接入点，C2 为常规电源 C 的接入点。

（3）公共连接点。公共连接点是指用户系统（发电或用电）接入公共电网的连接处。如图 2-4-5 所示，C2、D 是公共连接点，A2、B2 不是公共连接点。

沼气发电并网设计应满足《分布式电源接入配电网设计规范》Q/GDW 11147，对于单个并网点，分布式电源接入的电压等级应按照安全性、灵活性、经济性的原则，根据分布式电源发电容量、导线载流量、上级变压器及线路可接纳能力、地区配电网情况综合比选后确定。分布式电源并网电压等级根据装机容量进行初步选择的参考标准为：8 千瓦以下可接入单相 220 伏；8~400 千瓦可接入三相 380 伏；400 千瓦~6 兆瓦可接入 10 千伏。最终并网电压等级应综合参考有关标准和电网实际条件，通过技术经济比选论证后确定。

沼气发电机组并网应满足 3 个条件：一是待并网发电机组的电压与电网系统的电压相等；二是待并网发电机组的频率与电网系统的频率相等；三是待并网发电机组的相位角与电网系统的相位角一致。

并网操作时，首先要调整相序，使待并网发电机组与电网相序一致，然后再启动发电机组。调整发电机组的励磁，使发电机组电压尽量接近电网电压，调节发动机速度，以便使发电频率与电网趋同，为并网创造条件。当相序达到允许的范围后，即可合闸并网。以上操作，必须由熟练的工程技术人员在专用的并网装置的指示下手动完成，或者由专用的自动装置完成合闸并网（王久臣等，2016）。

三、发电余热再利用

沼气发电机在发电的同时，产生出大量的热量，烟气温度一般在550℃左右。通过利用热回收技术，可将燃气内燃机中的润滑油、中冷器、缸套水和尾气排放中的热量充分回收，用于冬季采暖以及生活热水。夏季可与溴化锂吸收式制冷机连接，作为空调制冷。一般从内燃机热回收系统中吸收的热量以90℃的热水形式供给热交换器使用，内燃机正常回水温度为70℃。在沼气工程中，还可利用这一热量给沼气发酵装置进行加热。

沼气发动机的冷却与一般的汽油和柴油发动机一样，一般用水冷却。为防止产生水垢，冷却水要用软水，有时还要添加防冻液。为此，通常把调制的水作为一次冷却水，在发动机内部循环；采用热交换器把热传到二次冷却水的间接冷却方法回收缸套水中余热。缸套水冷却循环采用的就是此方法。此外，润滑油吸收的热也可以通过润滑油冷却器，传至冷却水中。

由于沼气中含有微量杂质和腐蚀性物质，若燃烧后的烟气经换热后温度过低会产生一些杂质，因此，要求沼气发动机的尾气排放温度要比其他燃气发动机的尾气排放温度高几十度，回水温度相应就要略高一些。

目前，一些国外的发电设备将余热利用设备与发电机组集成一体化，即换热装置在机组内部，而不用单独配置，出来的直接是热水。设备只需3个接口：进、回水接口和沼气接口。设备可与热水锅炉并联连接。一体化集成既简化了系统，减少了设备及占地面积，利于运行维护，同时也减少了系统及工程总投资。国外进口的燃气内燃机机组还配有全自动电脑控制系统，并可实现远程控制冷却系统、润滑油自动补给系统、尾气消音器等。

第五节　沼气提纯再利用

沼气净化提纯生产的生物天然气，可作为车用燃料的替代品，既可缓解能源紧张趋势，又可有效减少环境污染。目前，生物天然气作为机动车燃料已在欧美等许多国家广泛应用，具有广阔的发展前景。

一、车用燃气

沼气提纯后的生物天然气作为车用燃气，有相应的气质标准。我国目前还没有专门针对车用生物天然气的质量标准。若将生物天然气作车用燃气使用，必须达到现有的

《车用压缩天然气》（GB 18047）标准，主要特性参数应满足表2-5-1的要求。

表2-5-1 车用燃气主要特性参数

特性参数	技术指标
高位发热量（兆焦/立方米）	>31.4
总硫（以硫计）（毫克/立方米）	≤200
硫化氢（毫克/立方米）	≤15
二氧化碳体积分数（%）	≤3.0
氧气体积分数（%）	≤0.5
水露点（℃）	在汽车驾驶的特定地理区域内，在最高操作压力下，水露点不应高于-13℃；当最低气温低于-8℃，水露点应比最低气温低5℃

二、燃气并网

对于燃气的输配，管网输送无疑是最高效和环保的方法之一。在许多国家都有分布广泛的天然气管网。例如，荷兰大约有90%以上的居民、爱尔兰有48%的居民，都接入了天然气管网。将生物天然气并入机动车燃气管网，无疑是生物天然气作为机动车燃气分销的最佳方法。

除了并入天然气管网以外，还有其他几种生物天然气的分销方法，例如，采用移动储存设备进行公路运输或构建局域生物天然气管网输送。瑞士气体协会的研究表明，对于中短距离和大规模运输而言，本地局域气网输配最佳。对于运输距离大于200千米的车载运输而言，压缩生物天然气车载运输（CBG）比液化生物天然气车载运输（LBG）更适宜。本地局域气网的另一个好处是，可在管网任何位置将生物天然气注入管网。从经济利益考虑，现在的沼气商业提纯需要达到一定的规模才有利可图，因此采用这种方法便可构建一个平行于本地局域气网的沼气管网，用于收集和运输一些小型沼气工程的沼气，进行集中提纯，以降低成本。

不管是从投资成本还是能量损耗而言，管网运输都拥有巨大的优势，应该尽量避免生物天然气的大规模陆路运输。本地局域气网的逐渐扩展并接入天然气管网是生物天然气市场发展的必然趋势，应将生物天然气和天然气联合使用。因此，管网、压缩天然气陆路运输和液化天然气陆路运输，将会长期共存，以满足不同的市场需求。

第三章　沼液利用

第一节　沼液理化特性

沼液一般为黑色或黑褐色，如表 3-1-1 所示，色度可达 2 500 以上，浊度可达 4 000NTU 以上，尤其是以鸡粪为原料的沼液浊度更高。沼液的密度略大于水，通常呈弱酸性、中性至弱碱性。沼液中干物质含量一般小于 10%，干物质以有机质为主，可以达到 3% 以上，COD 含量因原料不同有所差异，一般 20 000毫克/升以内，BOD_5 相对较低，一般在 500 毫克/升以内。总养分一般在 0.1%~0.5%。沼液中的盐含量较高，全盐量一般在 1 000毫克/升以上，高的可达 4 670 毫克/升。

表 3-1-1　沼液的基本理化性质

项目	单位	范围	参考文献
色度	度	417~2 838	李同等，2014；王超等，2017
浊度	NTU	111~4 189	李同等，2014；宋成芳等，2011；韩敏等，2014；段鲁娟等，2015；董志新，2015；吴娱，2015；王梦梓，2016
pH 值		6.15~8.6	靳红梅等，2011；万金保等，2010；李文英等，2014；王超等，2017；王小非，2017；秦方锦等，2015；吴娱，2015；乔玮等，2015
干物质	%	0.42~7.3	汪崇，2012；陈为等，2014；顾洪娟等，2016；邓良伟等，2015
有机质	%	0.1~3.45	卫丹等，2014；陈为等，2014；李裕荣等，2013；汪崇，2012；曲明山等，2013；徐延熙，2012；刘银秀等，2017
总养分	%	0.117~0.549	董越勇等，2017；邓良伟等，2015
全盐量	毫克/升	1 420~4 670	林标声等，2015；李文英等，2014；李红娜等；2014

沼液的主要成分因发酵原料、原料浓度和发酵条件的不同而有一定的差异，可以大

体分为以下几类：营养盐类、氨基酸、有机酸、植物激素、抗生素、其他小分子化合物。

一、营养盐

碳（C）、氢（H）、氧（O）、氮（N）、磷（P）、硫（S）、钾（K）、钙（Ca）、镁（Mg）、铁（Fe）、锰（Mn）、锌（Zn）、铜（Cu）、钼（Mo）、硼（B）和氯（Cl）是植物生长所必需的16种元素有，除 C、H、O 外，其余均取自于其周围水中溶解的盐类。沼气发酵过程中除 C 素营养损失较大外，其余大部分植物所需营养物质都在沼液中得到了保留，并且 N 素等的营养结构得到了优化。

N、P、K 是植物需求量较多的营养元素，一般来说沼液养分含量表现为 N>K>P，且主要以水溶性形式存在。不同发酵原料产生的沼液营养成分有一定的差异，猪粪水、牛粪水、鸡粪水沼气发酵后产生沼液，全量养分和速效养分含量均以鸡粪最高（表3-1-2）。

表3-1-2　不同原料沼气发酵产生的沼液中大量元素全量养分和速效养分含量（秦方锦等，2015）

来源	总氮（%）	总磷（%）	总钾（%）	速效氮（克/千克）	速效磷（毫克/千克）	速效钾（毫克/千克）
猪场	0.09~0.13	0.02~0.03	0.03~0.04	0.42~0.49	87~160	252~386
奶牛场	0.09~0.14	0.02~0.08	0.06~0.09	0.56~0.58	102~151	639~700
鸡场	0.13~0.20	0.01~0.03	0.09~0.14	1.06~1.09	289~293	1 124~1 226

Ca、Mg、S 是植物生长所需的中量元素，沼液中 Ca 含量一般较高，在100毫克/升以上，高的可达1 000毫克/升以上。沼液中 Mg 的含量较 Ca 低，一般在100毫克/升以内。S 元素在沼液中一般以硫酸根的形式存在，国内对这一元素含量的报道相对较少，沈其林等测得的猪场粪污沼液中 S 含量仅为13毫升/千升，国外的报道沼液中 S 含量在100毫克/升左右（Singh 等，2011）。

Fe、Mn、Zn、Cu、Mo、B 和 Cl 是植物生长必需的微量元素，沼液中 Cl 元素的含量较高，一般在150毫克/升以上。Cu 和 Zn 含量变化较大，一般在猪场粪污沼液中含量较大。Fe 和 Mn 也是沼液中含量较高的微量元素。B 和 Mo 一般含量较低，但也可以满足植物对其的需求。

二、氨基酸

沼气发酵过程会将蛋白质分解为游离氨基酸，然后进一步转化为氨态氮。沼液中氨氮含量较高，并含有一定浓度的氨基酸。发酵时间与温度对沼液氨基酸含量的影响较大，温度在 24℃ 以上，发酵时间在 14 天以上有利于游离氨基酸的积累（商常发等，2009）。沼液中氨基酸含量因发酵原料不同而有一定变化，一般以鸡粪为原料的沼液中氨基酸含量较高（孟庆国等，2000）。猪场和鸡场粪污为原料的沼液中，天门冬氨酸含量高达 81.9 毫克/升，丙氨酸的含量也超过 50 毫克/升。猪场粪污沼液中氨基酸的总含量可达 651 毫克/升，占沼液中有机物总量的 9.5%（汪崇，2012）。

沼液中氨基酸的存在有利于沼液肥料化和饲料化利用。在肥料化利用方面，氨基酸是有机氮的补充来源，可以提高肥效，并且氨基酸具有络合（螯合）金属离子的作用，容易将植物所需的中量元素和微量元素携带到植物体内，提高植物对各种养分的利用率。氨基酸是植物体内合成各种酶的促进剂和催化剂，对植物新陈代谢起着重要作用，肥料中含有的氨基酸能够壮苗、健株，增强叶片的光合功能及作物的抗逆性能，对植物新陈代谢起着重要作用。

三、植物激素

沼液中存在四大类植物激素：生长素（主要为吲哚乙酸，IAA）、赤霉素类（GAs）、细胞分裂素和脱落酸（ABA）成分。霍翠英等（2011）从运行 1 年以上的猪场粪污处理沼气工程沼液中检测到 IAA、赤霉素（GA4，GA19，GA53）、细胞分裂素 iPR（异戊烯基腺苷）的含量分别为 332 微克/升、0.857 微克/升、1.47 微克/升、0.271 微克/升、0.001 94 微克/升。而李欣（2016）测得的沼气工程沼液中 IAA 含量高达 17.38~36.84 毫克/升，同时含有较高浓度的 GA_3（16.37~44.83 毫克/升）和 ABA（13.23~35.39 毫克/升）。

根据李欣（2016）的研究，沼液中 IAA 主要由厌氧微生物代谢色氨酸产生的，沼气发酵过程中 IAA 的含量一般呈上升趋势，在沼液中形成积累；ABA 含量在整个沼气发酵过程中持续增加，并且在产甲烷阶段的增加速率显著高于产酸阶段；畜禽粪便在沼气发酵水解阶段会产生 GA_3，但在沼气发酵后期 GA_3 因降解而使含量有所下降。

这些植物激素在植物的生长发育过程中起着重要的作用，如 IAA 对植物抽枝或芽、苗等的顶部芽端形成有促进作用；脱落酸（ABA）能控制植物胚胎发育、种子休眠等，并且可以增强植物的抗逆能力；赤霉素能够促进植物的生长、发芽、开花结果，并刺激果实生长，提高结实率，对粮食作物、棉花、蔬菜、瓜果等有显著的增产效果。

四、有机酸

沼液中含有挥发性有机酸乙酸、丙酸、丁酸、戊酸等。沼气发酵过程中，发酵性细菌分解可溶性糖类、肽、氨基酸和脂肪酸等产生乙酸、丙酸、丁酸，产乙酸细菌进一步将丙酸、丁酸转化成乙酸，产甲烷菌最后将乙酸转化为甲烷，有机酸是沼气发酵过程的中间产物。沼液中含有一些未转化消耗的乙酸、丙酸、丁酸等，一般以乙酸和丙酸含量较多，丁酸和戊酸含量较少（表3-1-3）。有研究表明乙酸、丙酸、丁酸等酸性次级代谢物具有抑菌作用，有机酸的浓度越高，抑制效果越显著。

表 3-1-3　沼液中的有机酸含量（施建伟等，2013；野池达也，2014）

发酵原料	沼液中有机酸含量			
	乙酸	丙酸	丁酸	戊酸
麦秸	5.51~15.16 毫克/升	0.61~2.67 毫克/升	—	—
玉米秸	6.5 毫克/升	1.95~2.17 毫克/升	—	—
牛粪	5.67 毫克/升	—		—
鸡粪	0.35~26.25 毫克/升	9.22 毫克/升	0.18~0.88 毫克/升	0.03 毫克/升
猪粪	402 毫克/千克	23 毫克/千克	痕量	—

五、B 族维生素

沼气发酵残留物中 B 族维生素能促进植物和动物的生长发育，提高动植物抵御病虫害的抗逆性。沼液中含有 B_1、B_2、B_5、B_6、B_{11}、B_{12} 等 B 族维生素。不同发酵原料经过沼气发酵后，维生素 B_2、B_5、B_{12} 都比原料中的含量有所增加。研究表明自然界中维生素 B_{12} 都是微生物合成的，一些产甲烷菌如欧氏产甲烷杆菌（*Methano bacterium omelianski*）代谢也产生中维生素 B_{12}。以猪粪为原料的沼液中维生素 B_{12} 含量可达 150 微克/升（闵三弟，1990）。

六、抗生素

沼液中的抗生素主要来源于兽药和饲料，沼气发酵厌氧过程虽然有助于一些抗生素的降解，但是由于抗生素使用量大等因素，一些以畜禽粪便为主要原料的沼液中仍含有较高浓度的抗生素。沼液中含有的抗生素主要是四环素类、磺胺类、大环内酯类、喹诺酮类等抗生素。不同发酵原料的沼液中所含抗生素有所不同，贺南南等（2017）利用固相萃取-高效液相色谱法同时检测 3 种四环素类和 6 种磺胺类抗生素时发现，在以猪粪为发酵原料的沼液存在磺胺嘧啶、磺胺甲恶唑、磺胺甲基嘧啶 3 种抗生素，含量范围为 34.9~118.5 微克/升。以牛粪为发酵原料的沼液中存在盐酸土霉素、盐酸金霉素、磺胺吡啶、磺胺异恶唑 4 种抗生素，含量范围为 21.7~51.9 微克/升。以鸡粪为发酵原料的沼液中存在盐酸土霉素、盐酸四环素、磺胺嘧啶、磺胺甲恶唑、磺胺甲基嘧啶、磺胺异恶唑6种抗生素，含量范围为28.5~125.5微克/升。利用高效液相色谱-荧光检测法对喹诺酮类抗生素分析表明，以猪粪为原料的沼液中含量最高，其中诺氟沙星高达204微克/升（表3-1-4）。

表3-1-4　沼液样品中4种喹诺酮类含量（微克/升）（贺南南等，2016）

发酵原料	氧氟沙星	环丙沙星	恩诺沙星	诺氟沙星
猪粪	103.0	17.0	151.0	204.0
牛粪	16.8	16.0	89.0	67.0
鸡粪	76.0	5.0	67.0	56.0

卫丹等（2014）对嘉兴市10个养猪场10种抗生素含量检测表明（表3-1-5），在不同季节，每个猪场的沼液中10种抗生素均有检出。然而各猪场之间沼液抗生素含量差别很大，抗生素总浓度最高者分别约为最低者的24倍（春季组）、35倍（秋季组）和25倍（冬季组）。

表3-1-5　沼液中抗生素含量季节变化（卫丹等，2014）　单位：毫克/升

抗生素	春季		秋季		冬季	
	范围	平均值	范围	平均值	范围	平均值
四环素	0.75~43	11.2	0.4~8.98	1.84	0.3~14.2	3.07
土霉素	1.6~994	269	4.58~332	77.3	21.2~672	161
金霉素	2.9~228	60.3	0.53~53.8	15.4	1.04~93.7	19.5
磺胺二甲嘧啶	0~30.2	7.37	0.008~3.47	0.636	0.008~1.66	0.277
磺胺甲唑	0~56.9	5.94	0~1.61	0.292	0.001~0.6	0.065
恩诺沙星	0.1~2.85	1.3	0~1.98	0.587	0.03~5.88	1
环丙沙星	0.65~4.6	1.87	0.2~5.92	1.39	0.44~5.91	1.55
诺氟沙星	0.65~4.4	1.28	0.08~1.97	0.59	0.04~0.4	0.191
泰乐菌素	0.4~22	8.62	0.01~1.22	0.274	0.012~0.38	0.199
罗红霉素	0~3.4	0.34	0~0.26	0.099	0.007~6.86	0.728

七、重金属

沼液中的重金属元素来源于发酵原料，而畜禽粪污类发酵原料的重金属来源于饲料

和兽药。如生猪饲料中普遍添加了含有重金属（如 Zn、Cu 和 As 等）的添加剂，这些金属元素在畜禽体内消化吸收利用率极低，绝大部分 Cu 和 Zn 通过粪便排出，少量从尿中排出，粪尿 Cu 和 Zn 总排泄率分别为 88%～96% 和 87%～98%（朱泉雯，2014）。

沼液中可能含有的重金属包括 As、Cd、Cr、Hg、Pb、Cu、Zn、Ni 等。其中 Cu 和 Zn 含量一般较高，但是虽然 Cu、Zn 归为重金属，它们也是牲畜、植物以及沼气发酵微生物必需的微量元素，这些微量元素常被添加到饲料中，因此国内外肥料标准对 Cu 和 Zn 没有限制。沼气发酵对畜禽粪污中有机物有很好净化处理效果，但是重金属浓度会出现"相对浓缩效应"，沼渣中重金属含量远大于沼液含量。猪场、牛场和鸡场粪污沼气发酵产生的沼液中重金属含量，虽然含量有一定的差异但是均未超过沼肥标准，见表 3-1-6。

表 3-1-6　沼液中的重金属含量（刘思辰等，2014；吴娱，2015；张云，2014）

项目	猪场沼液 （毫克/升）	牛场沼液 （毫克/升）	鸡场沼液 （毫克/升）	沼肥标准 （毫克/升）
砷（As）	0.0018～3.82	0.0028	5.21	≤10
铬（Cr）	0.0025～15.32	0.1241	10.18	≤50
镉（Cd）	0.000095～7.51	0.0006	<0.025～4.30	≤10
铅（Pb）	0.0053～9.54	0.0235	<0.05～2.43	≤50
汞（Hg）	0.00015～0.32	0.0128	<0.005～0.022	≤5

八、其他代谢产物

除了以上几大类成分外，沼液中还含一些烷类、酯类代谢产物。宋成芳等（2011）采用石油醚对沼液浓缩液中部分挥发性成分进行萃取，并通过气相色谱-质谱联用仪（GC/MS）测定表明，挥发性成分主要是烷类化合物，还有少量酯类化合物。包括 1，2，3-二羧基丙脂、十七烷、2，6，10-三甲基十四烷、2，6，10，14-四甲基十六烷、1，2 苯二羧基酸-2-甲基丙烷基脂、1，1′-［1，3-亚丙（双氧）］-十八烷。霍翠英等（2011）从猪场沼液中发现了一些喹啉酮类化合物，如 8-羟基-34，-二氢喹啉-2-酮和 34，-二氢喹啉-2-酮在沼液中的含量为 737.5 微克/升和 177.5 微克/升，这些物种可能具有一定的杀菌作用。上海海洋大学许剑锋课题组从鸡场粪污沼液中分离到一些萜类物质，发现其中一些化合物具有一定的抗癌和抗菌活性（刘丁才，2015；吴慧斌，2015）。

第二节　沼液的直接还田利用

沼液直接还田利用是指从沼气发酵罐流出的沼液经过简单的储存后直接施用于农作物。沼液还田利用环节包括沼液储存、输送以及施用方式与机具等，需要考虑当地土地承载力和存储、输送和施用过程的经济性。

一、土地承载力

沼液适度还田利用有利于培肥地力、改善土壤结构，但是，农田过度施用会导致土壤及水体污染，因此还田利用前需要评估沼气站附近农田土地的承载负荷。为了保护地下和地表水不受硝酸盐污染，欧盟《硝酸盐法案》［the Nitrate Directive（91/676/EEC）］限制了农田氮的输入，最大量为 170 千克/（公顷·年），并且禁止在冬季施用。一些欧洲国家对农田营养负荷的规定见表 3-2-1。

表 3-2-1　一些国家对农田营养负荷的规定

国家	最大营养负荷	要求的储存能力	强制施用季节
奥地利	170 千克/（公顷·年）	6 个月	2 月 28 日—10 月 25 日
丹麦	140 千克/（公顷·年）	9 个月	2 月 1 日至收割
意大利	170~500 千克/（公顷·年）	90~180 天	2 月 1 日—12 月 1 日
瑞典	基于养殖数量	6~10 个月	2 月 1 日—12 月 1 日

我国畜禽粪便还田技术规范（GB/T 25246-2010）、畜禽粪便安全使用准则（NY/T 1334-2007）规定，畜禽粪便还田限量以生产需要为基础，以地定产，以产定肥。根据土壤肥力，确定作物预期产量，计算作物单位产量的养分吸收量，结合畜禽粪便中营养元素含量、作物当年或当季的利用率，计算基施或追施应投加的畜禽粪便量。在不施用化肥情况下，小麦、水稻、玉米和蔬菜地的猪粪肥料使用限量（以干物质计）见表 3-2-2、表 3-2-3、表 3-2-4。沼液的施用量应折合成干粪的营养物质含量进行计算。畜禽粪便安全使用准则（NY/T 1334-2007）给出的猪粪氮含量参考值为 1.0%（以干物质计），按此推算，小麦、水稻氮施用限量为 140~220 千克/（公顷·茬），果园氮施用限量为 200~290 千克/（公顷·年），菜地氮施用限量为 160~350 千克/（公顷·茬）。推算出的氮营养限量与欧洲国家的农田营养负荷接近。根据猪的氮排放量估算，每亩农作物（小麦、水稻、玉米）每茬可以承载 2~3 头猪的粪污或其沼液，每亩果园、菜地

分别可承载 2~5 头猪的粪污或其沼液。

表 3-2-2 小麦、水稻每茬猪粪使用限量（以干物质计）

单位：10^3 千克/公顷

农田本地肥力水平	Ⅰ	Ⅱ	Ⅲ
小麦和玉米田施用限量	19	16	14
稻田施用限量	22	18	16

表 3-2-3 果园每年猪粪使用限量（以干物质计）

单位：10^3 千克/公顷

果树种类	苹果	梨	柑橘
施用限量	20	23	29

表 3-2-4 菜地每茬猪粪使用限量（以干物质计）

单位：10^3 千克/公顷

果树种类	黄瓜	番茄	茄子	青椒	大白菜
施用限量	23	35	30	30	16

盛婧等（2015）以存栏万头猪场为例，据猪群体结构比例、废弃物产生量及氮磷含量、废弃物处理利用过程中养分损失率以及作物氮磷钾需求量等资料，分析计算出粪污全部沼气发酵情况下，发酵残余物（沼渣沼液）安全消纳需要配置的最少农田面积分别为：粮油作物 272.5~285.4 公顷，或茄果类蔬菜 149.4~188.2 公顷，或果树苗木地 599.4~1 248.8 公顷。也就是该模式下粮油作物地、茄果类蔬菜地、果树苗木地每公顷分别可承载 35~37 头、53~67 头、8~17 头存栏猪的粪污沼气发酵残余物（沼渣和沼液）。以此折算成奶牛为 5~6 头、8~10 头、1~3 头，肉牛 10~12 头、16~20 头、2~5 头，家禽 200~1 700 羽。

二、沼液储存

沼液连续产生，但是作物耕作和施肥间断进行，合理储存不仅能够解决这一矛盾，也可保持沼液作为肥料的质量，并且能防止氨挥发、甲烷排放、养分泄漏和流失以及臭味和气溶胶的散发，减少沼液对环境的影响。

1. 沼液储存方式

为了防止开放储存池的氨损失和甲烷排放，德国要求沼液储存必须加盖，以减少养分损失和氨挥发、残余物产生甲烷的污染以及臭味释放，还可减少雨水对沼渣沼液的稀释。沼液储存池广泛采用密封气袋（膜顶盖）覆盖，气袋由高分子膜材料制成，四周固定在储存池边，中间由柱支撑。如果不能采用膜顶盖覆盖，储存池至少应该有一层碎秸秆、粘土或塑料片形成的浮渣层或结壳层。结壳层必须人工产生，因为沼液不像生鲜粪污那样能形成表面结壳层。沼液准备外运利用或搅拌前，结壳层必须保持原貌。

沼液可以在沼气站内储存，或者临近利用的地方储存。欧洲的沼液储存设施通常建在地上，氧化塘、储存袋也用作沼液储存设施。国内的沼液储存设施通常建在地下，目前没有强制要求加盖。

2. 沼液储存时间

沼液的产生是一个连续的过程，畜禽粪污处理沼气工程几乎每天都产生沼液，而施肥具有季节性，因此，需要将沼液储存到作物生长季节才能施用。需要的储存容量和时间取决于地理位置、土壤类型、冬季降水量和作物轮作制度。一些欧洲国家对沼液施用季节进行了限制，意味着沼液必须储存 4~9 个月。在气候温暖地区，作物常年生长，储存时间可以缩短。我国《畜禽养殖业污染治理工程技术规范》（HJ 497-2009）要求，种养结合的养殖场，粪污或沼液贮存池的贮存期不得低于当地农作物生产用肥的最大间隔时间和冬季封冻期或雨季最长降雨期，一般不得小于 30 天的排放总量。

3. 沼液储存过程中的物质变化与环境风险

沼液中仍含有一定量的有机物和大量可溶性营养盐，在储存过程中会继续产生甲烷和二氧化碳，二氧化碳逸出会使沼液 pH 值上升，从而增加 NH_3 挥发。在沼液的储存过程中也会伴有一定量的 N_2O 产生。CH_4、CO_2 和 N_2O 都是温室气体。挥发的 NH_3 会在大气中形成硫酸铵，成为 $PM_{2.5}$ 颗粒的核，增大雾霾产生几率。另外，氨挥发也会增强氮沉降或形成酸雨，对地表的生态系统造成影响。

黄丹丹等（2012）的研究表明，CH_4 和 NH_3 排放主要集中在贮存前期，其中 CH_4 浓度在贮存的前 12 天不断增加并达到高峰值，随后呈下降趋势。而 NH_3 浓度在贮存前期急剧增加，在后期排放量减少并趋于稳定。表 3-2-5 显示了沼液储存 46 天后与储存前相比的基本理化性质变化，氮磷的含量都有所降低，尤其是氨氮减少较大，氨挥发是主要原因。将沼液酸化可以有效降低 NH_3 的排放量。同时酸化处理有利于保留沼液的氮养分，有效保证了作为有机肥的氮含量，但是增加了 CH_4、N_2O 的排放。

表 3-2-5 猪场粪污沼液储存前后基本理化性质的变化（黄丹丹等，2012）

时间	储存体积 升	TN 毫克/升	NH_4^+-N 毫克/升	TP 毫克/升	COD 毫克/升	TS %	VS %	灰分 %
第 1 天	75	697	564	63.9	945	—	—	0.0955

（续表）

时间	储存体积 升	TN 毫克/升	NH_4^+-N 毫克/升	TP 毫克/升	COD 毫克/升	TS %	VS %	灰分 %
第 46 天	74.5	477	398	22.8	465	0.164	0.069	0.0952

三、沼液运输

1. 运输方式

沼液的运输方式选择与沼液的产生量密切相关。户用沼气产生沼气量较少，一般通过人力挑抬就近运输。对于一些养殖场沼气工程而言，大量的沼液需要周边大量的土地进行消纳，一般采用沟渠和管道的方式进行沼液输送，管道主要用于近距离的输送，沼液车主要用于较远距离运输。

2. 运输距离与成本

运输距离影响沼液施用成本，关系沼液利用的经济性，是影响沼液还田的重要因素。曾悦等（2004）以福建为例研究了粪肥的经济运输距离，认为猪粪的经济运输距离为 13.3 千米。欧洲沼气工程（进料 TS 浓度 8% 以上）推荐沼渣沼液运输半径 15 千米。规模化猪场冲洗水一般是猪粪的 10 倍以上，TS 只有 1% 左右。因此，规模化猪场废水沼液的经济运输距离最好不要超过 5 千米。

四、沼液施用方式

根据沼液的特性，在实际生产中，可以用于粮食作物、蔬菜、水果、牧草的基肥、追肥、叶面肥以及浸种，近几年沼液的水肥一体化技术也有了一定的发展。

1. 基肥和追肥

沼液作为基肥和追肥是目前沼液资源化利用的主要方式。

沼液可以作为基肥使用，在粮食作物、蔬菜耕作前采用浇灌的方式进行施肥。沼液作为追肥可以单独使用也可以配合其他肥料使用。

沼液可采用漫灌、穴施、条施和洒施等方式进行施用。喷洒式施肥在我国沼液作为叶面肥施用时比较常用，但是该方式已经在很多国家被禁止，因为会引起空气污染和养分损失（图 3-2-1a）。欧洲国家要求沼渣沼液的施用应减少表面空气暴露，尽快渗入土壤中。由于这些原因，通常采用拖尾管、从蹄或者注射施肥机进行沼液的施用。图 3-2-1b~d 是几种损失低、施用准确的施肥机。沼液施肥后应充分和土壤混合，并立即覆土，陈化一周后便可播种、栽插。沼渣与沼液配合施用时，沼渣做基肥一次施用，沼液在粮油作物孕穗和抽穗之间采用开沟施用，覆盖 10 厘米左右厚的土层。有条件的地方，可采用沼液与泥土混匀密封在土坑里并保持 7~10 天后施用。

图 3-2-1　沼液施肥机（Nkoa，2014）

2. 叶面喷施

沼液中的营养成分以水溶性为主，是一种速效性水肥，可作为叶面肥使用。用沼液进行叶面施肥有以下几项好处：一是随需随取，使用方便；二是收效快，利用率高，24小时叶片可吸收喷量的 80%。另外，喷施沼液不仅能促进植株根系发育，果实籽粒生长，提高果实数量，还可以降低发病率，减少害虫的啃食作用（夏春龙等，2014）。

沼液叶面施肥通常采用喷施的方式，喷施工具以喷雾器为主，所以喷施前应对沼液进行澄清、过滤。所使用的沼液应取自在常温条件下发酵时间超过一个月的沼气工程。澄清过滤后的沼液可以直接进行喷施，可以进行适当的稀释，也可以添加适当量的化肥后使用。

沼液叶面肥的喷洒量要根据农作物和果树品种（表 3-2-6），生长时期、生长势及环境条件确定。喷施一般宜在晴天的早晨或傍晚进行，不要在中午高温时进行，下雨前不要喷施。气温高以及作物处于幼苗、嫩叶期时稀释施用。气温低以及在作物处于生长中、后期可用沼液直接喷施。作为果树叶面肥，每 7~10 天喷施一次为宜，采果前 1 个月应停止施用。喷施时，尽可能将沼液喷洒在叶子背面，利于作物吸收。

表 3-2-6　沼液作为叶面肥的施用的用量

作物	沼液用量	参考文献
春茶	沼液与清水容量比为 1.5 时总体效果最好	向永生等，2006
生菜	10% 沼液	袁怡，2010
柑橘	在沼液中添加大量元素使其 N∶P∶K 的比例为 2.5∶1∶2，但不添加微量元素	袁怡，2010

（续表）

作物	沼液用量	参考文献
鸭梨	沼液稀释 50 倍后叶面喷施	尹淑丽等，2012

3. 沼液浸种

沼液浸种是指将农作物种子放在沼液中浸泡后再播种的一项种子处理技术，具有简便、安全、效果好、不增加投资等优点，在我国农村地区有广泛的推广与应用。沼液浸种能提高发芽势和发芽率，促进秧苗生长和提高秧苗的抗逆性。主要原因是沼液中富含 N、P、K 等营养性物质及一些抗性和生理活性物质，在浸种过程中可以渗透到种子的细胞内，促进种内细胞分裂和生长，并为种子提供发芽和幼苗生长所需营养，同时还能消除种子携带的病原体、细菌等。因此沼液浸种后种子的发芽率高、芽齐、苗壮、根系发达，长势旺、抗逆性及抗病虫性强。

用于浸种的沼液应取自正常发酵产气 2 个月以上的沼气发酵装置，沼液温度应在 10℃以上、35℃以下，pH 值在 7.2~7.6。浸种前应对种子进行筛选，清除杂物、秕粒，并对种子进行晾晒，晾晒时间不得低于 24 小时。浸种时将种子装在能滤水的袋子里，并将袋子悬挂在沼液中，然后根据沼液的浓度和作物种子的情况确定浸种时间，浸种完毕后应用清水对种子进行清洗。

《沼渣、沼液施用技术规范》（NY/T 2065-2011）推荐方法如下：常规稻品种采用一次性浸种，在沼液中浸种时间为：早稻 48 小时，中稻 36 小时，晚稻 36 小时，粳、糯稻可延长 6 小时。抗逆性较差的常规稻品种应将沼液用清水稀释一倍后进行浸种，浸种时间为 36~48 小时。杂交稻品种应采用间歇法沼液浸种，三浸三晾，在沼液中浸种时间为：杂交早稻为 42 小时，每次浸 14 小时，晾 6 小时；杂交中稻为 36 小时，每次浸 12 小时，晾 6 小时；杂交晚稻为 24 小时，每次浸 8 小时，晾 6 小时。小麦种浸泡 12 小时、玉米种浸泡时间为 4~6 小时。棉花种子浸泡 36~48 小时。浸泡完成后清水洗净，破胸催芽。

除了粮食作物外，沼液浸种也被推广到其他作物，如瓜果蔬菜、牧草、中草药等。由于沼液来源不同和作物种子的生物学特性的差异，对某种作物进行浸种时需要先确定好适宜的浸种浓度和浸种时间。

4. 水肥一体化

水肥一体化技术是一项将微灌与施肥相结合的技术，主要借助压力系统或者地形的自然落差，将水作为载体，在灌溉的同时完成施肥，进行水肥一体化管理利用。其优点可以根据不同的土壤环境、不同作物对肥料需求量的不同，以及不同时期作物对水需求的差异进行需求设计，优化组合水和肥料之间的配比，以实现水肥的高效利用及精准管理的目的。

沼液中富含水溶性营养成分，可以作为水肥一体化的肥料来源，并且价格低廉、易于获得。但是目前水肥一体化末端利用一般以滴灌或喷灌为主，沼液中的高悬浮固体含量容易导致管路堵塞，因此过滤系统的选择与维护极为重要。另外，沼液中富含镁离子、铵根离子和磷酸根离子，在 pH 升高的情况下会形成鸟粪石（磷酸镁铵）沉淀，堵塞喷头，因此以沼液为原料的水肥一体化利用也需要对末端利用组件进行一定改造。

五、沼液还田安全风险

沼液还田的安全风险主要在于畜禽粪污类发酵原料中含有的重金属和抗生素会残留在沼液中，对土壤和水体造成威胁，进一步对作物造成影响。

段然等（2008）对连续施用沼肥 6 年的土壤进行取样分析，结果表明施用沼肥的土壤重金属类残留现象总体不明显，但 Cu、Zn 含量明显增高，沼肥与对应土壤中重金属、兽药残留量具有相关性，施用沼肥后土壤中抗生素类兽药残留检出率及环丙沙星类残留量均高于对照土壤。也有研究表明过量的沼液施用会造成土壤中的重金属积累（陈志贵，2010）。对于作物而言，沼液处理后的水稻重金属含量与空白对照组相差不大（赵麒淋等，2012；姜丽娜等，2011），在高沼液用量时，小白菜中的重金属含量相对于低沼液用量时有显著提高，但并未超标（黄界颖等，2013）。与化肥相比，虽然沼液中的重金属含量较低，但沼液的施灌量往往要大于化肥用量，从而带入土壤-农作物系统中的重金属含量略高。适量的沼液灌溉对作物安全没有太大影响，但高强度的施灌水平仍存在重金属在作物中累积的风险。

沼液作为叶面肥的风险在于重金属残留，夏春龙等（2014）对喷施沼液的芸豆果实样品进行了检测，Zn、Cu、Cr、Cd 4 种重金属含量范围分别为 31.93~38.88 毫克/千克、5.56~8.29 毫克/千克、0.64~1.29 毫克/千克和 0.09~0.15 毫克/千克，未检测到 Pb，并未超过《食品中污染物限量》（GB 2762-2005）规定。

施用沼液的另一个重要的潜在威胁在于沼液中的氮、磷等物质可能会对水环境造成影响。沼液还田后氨氮和磷酸盐通过土壤中水分的转移，对周边的地表水和地下水都有潜在的污染风险。施用沼液后，未被作物吸收的氮磷等物质可能会通过地表径流进入地表水体，造成富营养化。沼液中的氨氮在土壤的硝化细菌作用下会形成硝态氮，硝态氮会随土壤中的渗滤液流入下部水层，对地下水造成污染。研究表明，连续 3 年施用沼液（用量小于 540 千克/公顷）的稻田田面水中的氨氮含量升高，但土壤渗滤液中氮含量变化很小（姜丽娜等，2011）。李彦超等（2007）采用杂交狼尾草盆栽实验发现，沼液灌溉质量分数不超过 50%时渗滤液中的总氮、氨氮和硝态氮的含量均在安全范围。

综上，沼液的施用会对土壤、水环境和食品安全造成一定的潜在威胁，但是在合理的灌溉和喷施强度下，其威胁程度有限，可以通过合理的利用和严格的监管将风险控制在相关标准之内。

第三节 沼液肥料化高值利用

沼液高值利用是运用过滤、复配、络合、膜分离等技术，对沼液中养分进行浓缩，降低沼液体积，提高液肥中腐殖质和无机养分含量，根据不同作物的需求，配制生产具有作物针对性的商品肥料，提高经济价值。

一、沼液作无土栽培营养液

无土栽培是用人工创造的根系环境取代土壤环境，并能对这种根系进行调控以满足植物生长需要的作物栽培方式，具有产量高、质量好、无污染，省水、省肥、省地及不受地域限制等优点。目前无土栽培主要采用化学合成液作为营养液，配制程序比较复杂，主要用于设施农业。沼液中含有植物生长所需的所有元素，而且经过稀释后基本上可以作为专用营养液（表3-3-1）。

沼液无土栽培突破了无土栽培必须使用化学营养液的传统观念，克服了传统化学营养液无土栽培的缺点，保持了无土栽培不受地域限制、有效克服连作障碍、有效防治地下病虫害、节肥、节水、高产的优点。一些研究表明利用沼液种植植物并没有引起植物地上部的重金属的过量积累，进行无公害生产是可行的。利用沼液进行无土栽培生产番茄、黄瓜、芹菜、生菜、茄子，较之无机标准营养液栽培，品质显著提高，尤其体现在维生素C含量、可溶性固形物、可溶性糖含量的增加和硝酸盐含量的降低，产量也有一定的提高（王卫等，2009；陈永杏等，2011）。这充分体现了利用沼液配制植物水培液的优势，并且沼液无土栽培设施简便，易于就地取材，可作为沼气工程的后续产业，大面积推广应用，是今后农村沼气发展的一项非常有前景的措施。

表3-3-1 沼液与无土栽培专用营养液成分比较（周彦峰等，2013）

单位：毫克/升

项目	硝氮	氨氮	磷	钾	钙	镁	硫	锰	锌	硼	钼	铜	铁
专用营养液	189	7	45	360	186	43	120	0.55	0.33	0.27	0.048	0.05	0.88
原沼液	0	984	247	500	590	161	68	11	1.20	0.91	0.20	0.19	4.50
稀释5倍沼液	0	197	49	100	118	35	13	2.20	0.24	0.18	0.04	0.04	0.90

沼液中的氨氮、盐度等一般较高，不利于植物的生长，用于无土栽培时一般要进行稀释，并且需要在储存池进行 30 天的熟化和稳定。经沉淀过滤后的沼液，可以根据各类作物的营养需求，按 1：4~1：8 比例稀释后用作无土栽培营养液。并且电导率值应控制在 2.0~4.0 毫秒/厘米，可用硝酸或磷酸将沼液的 pH 值调整到 5.8~6.5。根据作物品种不同或对微量元素的需要，可适当添加微量元素。在栽培过程中，要定期添加或更换沼液。加入螯合态铁以保持沼液中一定的铁浓度是解决沼液缺铁行之有效的方法（周彦峰等，2013）。

二、沼液浓缩制肥

沼液相对于废水排放标准而言，其氮磷等物质浓度太高，但是相对于肥料而言，其营养物质浓度仍较低，因此单位养分的运输成本太高。目前畜禽粪污沼液肥料化利用主要以近距离还田利用为主。随着畜禽养殖业集约化、规模化的发展，养殖场周边土地消纳能力与沼液产量之间的矛盾越来越突出，将沼液进行浓缩以降低其运输成本是解决途径之一。常用的方法主要有负压蒸发浓缩、膜浓缩等。

负压蒸发浓缩是一种成熟而有效的液体浓缩技术，具有操作简单、对环境条件要求低、能够忍耐较高的悬浮物等特点。负压浓缩技术在沼液的浓缩中，既能有效防止沼液内有效成分的流失，又能起到浓缩效果。浓缩温度一般在 50~80℃，实现沼液 4 倍左右的浓缩，浓缩液含有一定的营养物质且植物毒性较低，可以用于肥料，冷凝水可以回用或达标排放，但是蒸发浓缩能耗高。

膜浓缩具有工艺简单、操作方便和不改变成分特性等特点，目前是沼液浓缩试验最多方法。膜浓缩有纳滤膜、正渗透膜、反渗透膜分离等技术。纳滤和反渗透需要较高的压力，而正渗透技术则需要氯化钠、氯化镁等作为汲取液。由于沼液中含有较高浓度的悬浮物，可能会对膜造成堵塞，纳滤和反渗透膜浓缩前需要进行预处理，预处理方式有砂滤、微滤、超滤、絮凝等。膜浓缩对沼液的浓缩倍数为 3~5 倍（表 3-3-2）。

表 3-3-2　几种沼液浓缩制肥技术

浓缩方式	浓缩比	浓缩效果	参考文献
负压蒸发浓缩，50℃ 和 2 千帕	4 倍	氨氮去除率为 86.41%，浓缩液较低的植物生理毒性	贺清尧等，2016
正渗透，2 摩尔/升 $MgCl_2$ 为汲取液	5 倍	溶解性有机物、总磷、总氮、氨氮和总钾浓度显著提高，截留率均达到 80% 以上	许美兰等，2016
正渗透，2 摩尔/升 NaCl 为汲取液	5 倍	浓缩液对 COD、腐殖酸和氨基酸回收率高于 99.5%	鹿晓菲等，2016
反渗透	3~4 倍	所产透过液中氨氮、COD 和电导率的去除率高达 90% 以上	梁康强等，2011

（续表）

浓缩方式	浓缩比	浓缩效果	参考文献
管式微滤-碟管式反渗透膜	3~5倍	所产透过液中 COD、氨氮、电导的去除率在93%以上	王立江，2015
精密过滤-碟管式反渗透膜	4.3	COD、NH_3-N 和 TP 的去除率全部超过90%，脱盐率为91.2%	周宇远等，2016

在膜浓缩工艺中，采用最多的是反渗透膜分离工艺，主要有碟管式、中空纤维式、卷式和板框式膜等膜组件。其中碟管式反渗透（DTRO）工艺耐污性最强，国内外将其作为处理工艺用于处理填埋场垃圾渗滤液，适合沼液浓缩。鸡粪沼气发酵沼液浓缩试验工艺如图3-3-1所示，浓缩效果见表3-3-3。COD、SS、总氮、总磷、氨氮都达到了较好的浓缩。出水 COD、总磷浓度较低，但是，出水总氮和氨氮浓度较高。

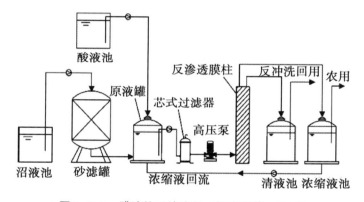

图3-3-1　膜浓缩系统流程（梁康强等，2011）

目前膜浓缩技术在营养物浓度相对较高的鸡粪处理沼液中已有生产应用，相应产品也已进入市场。而对于营养物浓度相对较低的猪场、牛场废水沼液，要达到理想的浓度，需要更高的浓缩倍数和生产成本。

表3-3-3　鸡粪沼气发酵沼液浓缩试验效果（梁康强等，2011）

水质指标	电导率（毫西门子/厘米）	COD（毫克/升）	SS（毫克/升）	总氮（毫克/升）	氨氮（毫克/升）	总磷（毫克/升）
沼液	22.1	7 467	7 240	3 600	3 347	120
透过液	0.778	59.1	5.0	228	197	5.2
浓缩液	66.7	26 208	24 145	12 550	10 339	420.5

大量试验证明，膜分离技术用于沼液浓缩技术可行，浓缩效果较好，但是，也存在一些问题，制约了浓缩技术在沼液浓缩中的应用：①运行成本，膜组件本身价格相对较高，且运行过程中需要高压泵提供过膜所需的压力，高压泵耗能高，运行成本高，但是随着制膜技术的发展和膜浓缩工艺的优化，目前沼液膜浓缩的成本正被很多养殖场所接受。②污染，由于沼液中含有大量的有机物及悬浮微粒，还有部分胶体粒子，这些物质均会造成膜的污染以致浓缩系统正常运行时间变短，预处理是目前常用的方法，但是也需要增加成本。③安全性。畜禽饲料含有重金属，重金属随着粪便一起进入沼液中。膜技术在浓缩沼液中的营养物质的同时，也将其中的重金属元素进行了浓缩，这会增加浓缩沼液在肥料化利用上的风险，但是目前的一些研究结果表明浓缩沼液的重金属含量基本在国家相关标准允许范围之内。

另外，也可以采用磷酸铵镁（鸟粪石）沉淀技术、离子交换树脂等分别回收沼液中氮、磷、腐殖酸等物质，但是由于成本较高等原因难以大规模推广。

第四节　沼液在水产养殖上的应用

沼液中富含营养物质，也可以用于水产养殖，一方面沼液中的有机物可以直接作为鱼类等的饵料，一方面沼液中的氮、磷等可以促进藻类的生长，为鱼类等提供饵料。

一、沼液养鱼

利用沼液养鱼也是沼液资源化利用的常见途径，沼液可以用于草鱼、青鱼、鲫鱼、鲤鱼、鲍鱼、蝙鱼等鱼类的养殖。沼液可为水中的浮游动、植物提供营养，增加鱼塘中浮游动、植物的产量，丰富滤食性鱼类饵料，从而减少尿素等化学肥料的施用，也能避免施用新鲜畜禽粪便带来的寄生虫卵及病菌而引发的鱼病及损失，保障并大幅度提高效益。使用沼液养鱼，鱼苗成活率较传统养鱼可提高10%以上，鱼增产可达27%以上。

沼液既可作鱼塘基肥，又可作追肥。沼液作为鱼池基肥应在鱼池消毒后、投放鱼种前进行，每公顷水面施入沼液3 000~4 500千克，一般不宜超过4 500千克，作为追肥的施用量一般在1 000~3 000千克/公顷（荆丹丹等，2016）。除了养鱼外，沼液也可以用于其他水产品的养殖，如河蚌等。

二、沼液养藻

藻类是在水中自营养生活的低等植物，沼液中的氮、磷等物质也可以供藻类所利用。藻类能够大幅降低沼液中氮、磷含量，并可以净化沼气中的 CO_2。利用沼液养殖微藻不仅能净化沼液，还能获得高密度高质量藻体，藻体可生产生物柴油或用于饲料蛋白。相对于沼液还田利用，沼液养殖微藻需要的土地面积大为减少。

沼液营养丰富，但也有不利于藻类生长的因素，如沼液一般呈褐色，颜色较深，含有大量悬浮物，浊度较高，不利于透光。沼液的氨氮含量较高，对藻类的生长会造成毒害。在开放环境中，沼液很容易滋生杂菌、杂藻以及其捕食者如轮虫、噬藻体等，在微藻处理沼液的过程中，微藻细胞很容易受到虫害的影响。因此，沼液预处理对于整个微藻养殖过程至关重要。沼液预处理主要是降低浊度、调整营养结构以及预防虫害等。

利用沼液养殖微藻在达到净化沼液的同时也可以收获藻体用于其他用途，实现沼液的资源化再利用。从微藻生物质中可以提取 3 种主要成分：油脂（包括三酰甘油酯和脂肪酸）、碳水化合物及蛋白质。油脂和碳水化合物是制备生物能源（如生物柴油、生物乙醇等）的原料、蛋白质可以用于动物和鱼类的饲料。

目前微藻生物质的收获、干燥和目标产物的分离均为高耗能过程，仍是藻类资源化利用系统中亟须解决的问题。沼液中一般氮含量较高，微藻在高氮的条件下会积累大量蛋白质，可用作饲料方面。饲料化应用无须提取步骤，是现阶段较为理想的利用方式。

另外养殖一些能够生产高附加值产品的微藻也是较为理想的途径，如养殖雨生红球藻，可生产虾青素。养殖的螺旋藻，可用于生产保健品等。

第四章　沼渣利用

第一节　沼渣理化特性

一、营养成分

沼渣是厌氧消化后残留在发酵罐底部的半固体物质以及沼渣、沼液固液分离或脱水后形成的褐色或黑色的固体、半固体物质。表4-1-1为沼渣的一些基本理化性质。沼渣一般呈中性到弱碱性，pH值为6.6~8.7。因固液分离效果和干燥程度不同，沼渣含水量有一定的差异，干物质含量一般在10%以上，高可达86%。不同原料沼气发酵后产生的沼渣，其养分含量有所不同，一般来说，沼渣中含有机质10%~54%、腐殖酸10%~29.4%、半纤维素25%~34%，纤维素13%~17%，木质素11%~15%，全氮1.6%~8.3%、全磷0.4%~1.2%、全钾0.3%~1.8%，总养分含量在2.4%~24.6%。其他还有粗蛋白、粗纤维与多种矿物元素、氨基酸等成分。不同发酵产物产出的沼渣成分不同（表4-1-2）。

表4-1-1　沼渣的基本理化性质

项目	单位	范围	参考文献
pH值		6.6~8.7	葛振等，2014；
干物质	%	13~86	陈为等，2014；张浩等2008；葛振等，2014
有机质	%	10~54	陈为等，2014；聂新军等，2017
腐殖酸	%	10~29.4	葛振等，2014
半纤维素	%	25~34	陶红歌等，2003
纤维素	%	13~17	陶红歌等，2003
木质素	%	11~15	陶红歌等，2003

（续表）

项目	单位	范围	参考文献
全氮（N）	%	0.8~8.3	陶红歌等，2003；聂新军等，2017
全磷（P$_2$O$_5$）	%	0.4~1.2	陶红歌等，2003
全钾（K$_2$O）	%	0.3~2.0	陶红歌等，2003；聂新军等，2017
总养分（全氮+全磷+全钾）	%	2.4~24.6	郑时选等，2014

二、重金属

由于在沼渣资源化利用途径中微量金属元素会发生复杂的物理化学反应，因此有关目前沼渣中微量金属元素迁移转化的相关报道较少。学者研究以猪粪为原料的序批式厌氧反应器中各种微量金属元素在厌氧反应器中的滞留情况，他们发现 K、Na、Mg 和 Fe 元素在反应器中无明显滞留，而 8.7% 的 Ca，21.0%Mg，18.4%Zn 和 41.5% 的 Cu 残留在厌氧反应器中。由于发酵原料中金属离子浓度不同，反应器中 pH 值和氧化还原电位高低不同，在发酵过程中金属离子会发生沉淀和络合反应，导致厌氧反应器出料中 Ca、Mg、Mn 元素较原料中分别损失了 44%、32.5% 和 32%。

表 4-1-2　不同发酵原料制备的沼肥成分分析

原料	pH 值	TS%	VS%	C/N	腐殖质%	TN	TP	TK
畜禽粪便	6.6~8	70.29	8.39~72.06	—	15.3~29.4	0.462~17.41 克·千克⁻¹	0.41~31.02 克·千克⁻¹	1.2~12.75 克·千克⁻¹
秸秆	—	—	49~62	—	10~13	41.3 克·千克⁻¹	21 克·千克⁻¹	9 克·千克⁻¹
餐厨垃圾	5.63	27.52	—	9.94	—	3.21%DM	0.908%DM	0.309%DM
有机生活垃圾	—	38.6~74.1	42.5~45.7	15.4~24.8	—	1.3%~1.4%DM	0.2%~0.9%DM	0.6%~1%DM
污泥	—	18.9~20.9	56.7~59.9	6.2~8.6	—	3.6%~5.2%DM	2.8%~3.5%DM	0.1%~0.2%DM
畜禽粪便/秸秆	6.92~8.46	—	65.9~83.3	10.4~19.7	—	42.7 克·千克⁻¹	8.25 克·千克⁻¹	19.7 克·千克⁻¹

原料中的重金属经发酵后会在沼渣和沼液中有不同分布，一般来说沼渣会富集相对较多的重金属，目前研究沼渣、沼液中的重金属以 Cu 和 Zn 居多（表 4-1-3），As（促

皮毛光滑)、Hg、Cd、Pb、Cr (代替瘦肉精) 等元素也有被检测到。《畜禽养殖业水污染物排放标准》(征求意见稿) 及《农用污泥中污染物控制标准》(GB 4284—84) 均规定了 Cu、Zn 限量。沼肥中重金属分布主要与动物饲料中重金属含量有关。钟攀等研究发现,在重庆地区采集的所有沼液中,As 的总超标率达到 60%,超标现象严重,是沼液的主要污染重金属,此外还含有 Cr、Hg、Cd 等重金属。长期施用含重金属超标的沼渣沼液导致土壤中重金属的富集,同时影响农产品质量安全学者通过对土壤—植物系统的重金属进行分析,表明沼肥中 As 和 Cd 健康风险较大。大部分中沼渣重金属含量在《沼肥》NY/T 2596—2014 的限定标准之内,可以作为肥料进行利用。研究养猪废水经厌氧膜生物反应器发酵后产生的沼液和沼渣,表明其重金属均低于 NY1110—2010 和 NY525—2012,表明经过处理后的沼渣、沼液可能会达到标准要求。但是也有部分沼渣的重金属含量超标,如董志新研究猪粪沼渣重金属含量,发现猪粪 As 含量达到 21.6 毫克/千克,超出 NY525—2012 要求。重金属超标的沼渣应进一步进行无害化处理,不能直接进行肥料化等利用。

表 4-1-3　我国部分沼气工程产生的沼渣中重金属含量

项目	猪粪沼渣 (毫克/千克 DM)	牛粪沼渣 (毫克/千克 DM)	鸡粪沼渣 (毫克/千克 DM)	参考文献	沼肥标准 (毫克/千克)
锌 (Zn)	40~525	86.5~129	15.13	陈苗等,2012;张颖等,2016;张浩等,2008;孙红霞等,2017;王琳等,2010	—
铜 (Cu)	45.8~605	2.29~46.4	1.96		—
砷 (As)	0.13~36.4	0.11~4.33	1.09		≤15
铬 (Cr)	10.3~27.6	0.447~1.89	11.35		≤50
镉 (Cd)	0.09~8.6	0.009~0.020	—		≤3
铅 (Pb)	3.22~17.8	0.033~5.143	—		≤50
汞 (Hg)	0.002~0.01	0.0048~0.264	—		≤2

国家质量监督检验检疫总局、国家标准化管理委员会批准发布 GB/T 32951—2016《有机肥料中土霉素、四环素、金霉素与强力霉素的含量测定高效液相色谱法》,为沼肥产品质量指标中设定抗生素残留限值提供技术支撑。

三、抗生素和兽药残留

兽用抗生素因其具有防病、促生长的作用被广泛应用于畜禽养殖业,抗生素利用率较低,30%~60%会以原药及代谢物的形式经动物的排泄物而进入环境中 (SARMAH A K, BOALL A B)。已有学者对我国广东、福建、北京、辽宁等地区畜禽养殖粪便进行检测,均有不同浓度的兽用抗生素检出。主要的检测方法为高效液相色谱法、超高效液相色谱—串联质谱法。由于厌氧发酵过程中畜禽粪便中抗生素分解较少,大部分抗生素仍残留在沼渣及沼液中，施用沼肥到农田中对农业生态环境带来巨大风险。对辽宁省昌图县的饲料、猪粪、沼肥以及连续施用沼肥6年的土壤进行取样测定，分析沼肥从源头到土壤施用过程中抗生素类兽药的含量变化（表4-1-4）。

表4-1-4　辽宁省昌图县兽药检测结果

样品	检测项目（单位：毫克/千克）						
	麦糠	玉米	猪粪	沼渣	沼液	沼土壤	对照土壤
土霉素	—						
四环素	—	—	10.80±1.42	6.04±1.06	0.02	3.89±0.29	
金霉素	0.46±0.02	10.83±0.99	4.15±0.67	—			
强力霉素	0.87±0.01		0.46±0.06	—			
诺氟沙星	1.49±0.14				0.02		
环丙沙星	0.91±0.36			11.47±3.28	0.03	9.66±2.66	0.05
单诺沙星	—						
恩诺沙星				6.75±1.15		4.66±0.51	
庆大霉素 C_1	0.12±0.01	0.52±0.05	—	1.27±0.32	2.80±0.41	0.42±0.04	1.96±0.18
庆大霉素 C_{1a}	0.18±0.02	0.15±0.01	8.50±1.48	10.22±1.18	10.51±1.57	8.28±1.09	1.59±0.09
庆大霉素 C_2	0.29±0.04	0.28±0.03					
庆大霉素 C_{2a}	—	—	—				0.46±0.07

抗生素的存在使沼肥中微生物的抗性增加，诱导产生了具有忍耐性的抗性菌株，农田利用必然会增加环境抗生基因的丰度。环境致病菌耐药性的增加和扩散，将会对人类的公共健康构成潜在威胁。李盼盼等用实时荧光定量PCR分析小白菜内生菌和四环素抗性基因的丰度。他们发现无论沼肥中是否添加四环素，施肥后小白菜内生菌中均存在抗性基因，并且小白菜内生菌抗性基因相对丰度均以CK最高，比其他处理高出0.55~325.72倍。当在幼苗期添加高浓度四环素的沼肥，土壤中四环素类抗性基因相对丰度比CK高出0.69~4.03倍。添加四环素的沼肥，改变了小白菜品质和产量以及土壤微生物群落碳源利用多样性和物种丰富度，增加了土壤中四环素类抗性基因丰度，降低了小

白菜内生菌的抗性基因水平。

四、微生物

人畜粪便中含有大量的致病微生物和寄生虫，主要有伤寒杆菌、副伤寒杆菌、痢疾杆菌、脊髓灰质炎病毒、大肠杆菌、血吸虫卵、钩虫卵、蛔虫卵等（金淮等，2015）。随时间、地点、自然环境的不断变化，人畜粪便中微生物种类和数量也在不断变化。经厌氧发酵后粪大肠菌群含量平均减少92.9%，但厌氧消化后的沼液中仍含有较高浓度的粪大肠菌群，不能达到无害化要求。研究发现沼液中含有虫卵，沼渣则含有螨卵102~538个/毫升，户用沼气池沼渣中寄生虫卵偏多，含蛔虫卵68~2 700个/克，并含有鞭虫和活卵。沼肥中大肠杆菌含量远超出意大利肥料标准（<1 000CFU/克）及欧盟相关标准，致病菌沙门氏菌属在所有的样品中均有不同程度的检出。

德国对于沼肥的安全利用有严格的规定，如果沼肥要做饲料利用，必须在90℃的高温下处理1小时；如果要达到处理疯牛病菌（BSE）的效果，则需要更高的温度、更高的压力和更长的时间。沼肥的安全使用必须以杀灭寄生虫卵、各种病原菌、危害作物的各种病虫和抑制有害微生物的活性为前提。沼渣中致病微生物研究较少，其对土壤微生物及植物的具体影响尚不清楚，亟须进一步研究。

第二节　沼渣在农业生产上的作用

一、改良土壤

沼渣营养丰富，有机质含量为30%~50%、全氮0.1%~2.0%、全磷0.4%~1.2%、全钾0.6%~2.0%、腐殖酸为10%~20%、半纤维素为25%~34%、纤维素为13%~17%、木质素为11%~15%，其中的氮、磷、钾以及微量元素要明显高于化肥和其他的农家肥，是一种优质高效的土壤改良剂。沼肥营养成分全面，缓速兼备，肥效稳定，成本低廉，既可作追肥，又可作基肥。沼渣中的有机质、腐殖质，也是很好的土壤改良剂，能提高地力和土壤的通透性，增强土壤的保肥保水能力。东北农业大学盐碱土长期定位试验站研究发现，长期施用有机肥可以显著增加>0.25毫米水稳性团聚体的含量52.3%~60.8%，0.5~0.25毫米粒级的水稳性团聚体随着种植和有机肥施用年限的提高显著增加。施肥5年后，草甸碱土土壤团聚体中有机碳和全氮含量开始呈现稳中有升的趋势，已经对草甸碱土培改良起到了显著效果。在桑园设置相隔约2米的沼渣施肥区和常规施肥区各333.5平方米，连续7年施肥后采样检测，施用沼肥可以显著提高沙质土中水稳性大团聚体的比例，降低小团聚体的比例，大幅度提高土壤有机质含量、全氮含量、速效磷含量、速效钾含量，提高土壤保肥能力，提高土壤等级。

二、防治病虫害

苏云金芽孢杆菌（Bacillus Thuringiensis）简称 Bt，具有无公害、不污染环境、选择性强的优点，能够防止农林果蔬等农作物上的有害昆虫，诸如鳞翅目、鞘翅目、膜翅目、双翅目等 32 个科 50 多种昆虫，是目前世界上用途最广、产量最大的微生物农药。目前主要以各种工农业产品或农夫产品如葡萄糖、酵母粉等为原料，由于价格约占总生产成本的 35%～50%，限制了该生物农药的使用。沼渣营养物质丰富，适合 Bt 的生长与增殖。北京科技大学用 50% 的沼渣添加 35% 啤酒糟、10% 玉米粉、5% 豆饼粉用于固态发酵生产 Bt 生物农药。在该培养基条件下发酵 48 小时后，芽孢数达到 5.23×10^{10} CFU/克，毒力效价为 16 100IU/毫克。在传统培养基中芽孢数 2.55×1 010CFU/克，毒力效价 12 500IU/毫克。与传统培养基比较，不仅发酵性能优良且降低了 36.3% 的生产成本，有利于 Bt 生物农药在我国的推广。

三、增加作物产量

沼渣种植蔬果，可降低生产成本，从而实现高产、优质、生态的目标。熊尚文（2016）用沼肥种植上海青，其用沼肥养殖上海青平均株高比施用复合肥组平均高 2.1厘米、比不施肥组高 3.4 厘米。沼肥养殖上海青平均叶长比施用复合肥组长 1.7 厘米、比不施肥组长 2.9 厘米。沼肥养殖上海青平均叶宽比施用复合肥组增加 1.2 厘米、比不施肥组增加 1.5 厘米。沼肥养殖上海青平均完全叶数比施用复合肥组增加 1.1 片、比不施肥组增加 1.8 片（表4-2-1）。

表 4-2-1　江西省上高县农业科技示范园蔬菜种植基地上海青增产情况（熊尚文，2016）

处理	小区产量				亩产量（千克）	比 CK 增产	
	Ⅰ	Ⅱ	Ⅲ	平均		千克/亩	增产率（%）
沼肥	121.4	136.5	131.2	129.7	2 883.7	711.5	32.8
复合肥	113.7	123.9	107.3	115.0	2 556.1	383.9	17.7
不施肥	95.5	101.4	96.2	97.7	2 172.2	—	—

贵州省瓮安县建中镇凤凰村夏秋反季节蔬菜基地种植汉白玉萝卜，试验地块海拔1 200米，土壤肥力中等，前作为白菜（表4-2-2），年平均气温 13.6℃。试验设 3 个处理。处理 A：每亩施圈肥 1 500 千克、复合肥 25 千克作基肥，分 3 次追施沼肥。第 1 次在播后 7 天，每亩根施沼液 1 倍液 2 000 千克；第 2 次在播后 20 天，用量同第 1 次；第

3 次在播后 35 天，按第 1 次用量加尿素 3 千克进行根施。处理 B：每亩施沼液堆肥 1 500 千克、复合肥 25 千克作基肥，分两次追施沼液。第 1 次在播种后 10 天，每亩根施沼液原液 2 000 千克；第 2 次在播后 25 天，用量同第 1 次。处理 C：每亩施圈肥 1 500 千克、复合肥 25 千克作基肥，分 2 次追肥。播后 10 天，每亩根施尿素 5 千克；播后 35 天，每亩根施尿素 10 千克。以处理 C 为对照，各处理均在播种后 30 天统一喷施 1 次沼液原液。

表 4-2-2　贵州瓮安县建中镇凤凰村汉白玉萝卜增产情况（李秀巧等，2016）

| 处理 | 株高（厘米） | 平均块茎重（克） | 小区产量 | | | | 亩产量（千克） |
			Ⅰ	Ⅱ	Ⅲ	平均	
A	32	625	121.4	119.2	121.2	120.6	4 022
B	28	603	117.3	115.0	116.7	116.3	3 881
C	39	590	114.8	112.3	114.4	113.8	3 797

曾繁星等（2016）以平展型玉米"丰禾 1 号"和紧凑型玉米"郑单 958"为试验材料，设置 5 个不同沼肥与化肥配施处理，采用大田小区试验，研究其对不同株型玉米叶绿素荧光参数、叶面积指数、SPAD 值及产量的影响。结果表明，沼肥化肥配施处理后，2 种株型玉米的光系统Ⅱ反应中心（PSⅡ）最大光化学量子产量（Fv/Fm）及 PSⅡ潜在活性（Fv/F0）升高，初始荧光（F0）值下降，叶面积指数和 SPAD 值上升，且变化幅度均为 80% 沼肥与 20% 化肥配施处理最大。与"丰禾 1 号"相比，沼肥化肥配施处理对紧凑型玉米"郑单 958"的作用效果更为明显，显著增加其 PSⅡ内部光合转换效率、潜在活性和叶片光合面积，并延长其光合作用时间。产量构成因素表现为 80% 沼肥与 20% 化肥配施处理的 2 个品种穗长、穗粗、百粒质量显著增加。"丰禾 1 号"和"郑单 958"在合理的沼肥与化肥配施处理下，产量分别达到 9 367.82 千克/公顷和 11 145.39 千克/公顷，对比单施化肥处理分别增产 29.56% 和 34.96%（表 4-2-3）。

表 4-2-3　沼肥与化肥配施下玉米的产量及产量构成因素（曾繁星等，2016）

品种	沼肥：化肥	穗长	穗粗	行粒数	穗粒数	百粒质量/克	产量（千克/公顷）
丰禾1号	80%：20%	20.02±0.70a	4.83±0.13a	37.33±4.04a	558.00±40.93a	35.19±1.41a	9367.82±312.90a
	60%：40%	18.84±0.70ab	4.62±0.29ab	37.67±2.31a	526.33±20.62a	33.63±1.33ab	8 872.86±169.76ab
	40%：60%	18.20±0.58b	4.51±0.14abc	36.33±1.53a	515.67±47.98a	32.97±0.27ab	8 526.13±247.17b
	20%：80%	18.66±0.68ab	4.15±0.20bc	36.00±3.00a	493.00±54.74a	32.74±0.57ab	7 849.72±102.92c
	0%：100%	17.49±0.64b	4.08±0.14c	35.67±3.00a	497.00±45.39a	31.25±1.53b	7 230.43±87.95d

（续表）

品种	沼肥：化肥	穗长	穗粗	行粒数	穗粒数	百粒质量/克	产量（千克/公顷）
	80%：20%	18.47±0.64a	5.07±0.19a	41.67±3.06a	589.67±32.04a	38.41±0.56a	11 145.39±148.71a
	60%：40%	16.69±0.75ab	4.73±0.20ab	39.33±2.89a	541.67±26.50a	36.18±0.96ab	9 623.11±171.21b
郑单958	40%：60%	16.25±0.49b	4.69±0.15ab	39.33±2.08a	531.00±45.90a	35.93±1.13b	9 134.73±215.32bc
	20%：80%	15.90±1.08b	4.48±0.23b	38.33±2.51a	526.00±29.72a	34.72±0.74b	8 781.21±73.11c
	0%：100%	15.73±0.98b	4.48±0.10b	39.00±2.65a	513.33±23.54a	34.26±1.02b	8 258.65±263.28d

注：数据表示形式为"平均数±标准差"。同列中不同字母表示在 0.05 水平差异显著

　　万海文等（2017）在大田条件下，以西农 889 小麦为供试材料，用沼液作追肥，各生育期追肥量设 11 250 千克/公顷、22 500 千克/公顷、33 750 千克/公顷 3 个水平，追肥时期分别为拔节期、孕穗期、灌浆期，以各生育期不施肥为空白对照，研究追施沼液对小麦不同生育期叶片光合特性和成熟期土壤酶活性及土壤速效养分含量的影响。研究表明，以沼液施用水平为 22 500 千克/公顷且拔节期、孕穗期各追施 1 次的 T6 处理小麦表现最佳，与对照相比，其净光合速率增加 41.3%~76.5%，产量提高了 36%。但过量追施沼液会抑制小麦叶片的净光合速率，因为过量追肥会导致植物营养生长旺盛，植物光合面积过大，植株中下部光照条件差，叶片衰老加快，光合产物输出减少，导致光合产物对光合器官形成反馈抑制。

四、提高农产品质量

　　沼肥能增加土壤的营养成分，提高作物产量（表 4-2-4）增加土壤供肥持久性，满足土壤微生物对营养的需求，还能提高土壤中微量元素的活性，使土壤变得疏松，为农作物的生长发育创造了一个良好的生长环境（刘德源，2013）。施用沼肥后，养分在土壤中积蓄下来，使其变成了一个"营养库"，沼肥进入土壤以后的矿化速度是比较缓慢的，供给作物的养分较少，残留在土壤中的养分较多（苏雯等，2013），根据"生态农业"调查了解，农作物的有机氮可供当季作物利用的只有 30%，60% 则残留在土壤中。再加上沼渣中含有尚未完全腐熟的原料，将其施入田地里，继续发酵释放养分（毕婷婷等，2018）。沼肥+复合肥处理区烟叶产量每亩平均增加 11.9 千克，增长 8.27%；亩产值增加 342.98 元，增长 7.48%。将沼肥与复合肥搭配施用于烤烟地，既能降低生产成本，又有明显的增产增收作用（韦鑫等，2017）。雷雅婷在云南用沼肥种植茶叶，可提升茶农 42.4% 的经济效益，有推进新农村建设和文明城市的社会效益，以及保护地表水、地下水、土壤大气的环境效益（雷雅婷等，2018）。

表 4-2-4 沼肥与常规耕作对蔬菜水果品质的影响（毕婷婷等，2018）

作物	VC/毫克			还原糖/%			总糖/%			参考文献
	沼肥	常规	增加/%	沼肥	常规	增加/%	沼肥	常规	增加/%	
桃子	10.67	5.57	91.56	2.90	1.50	1.40	11.88	6.71	5.17	张无敌等，2006
柿子	57.90	39.63	46.10	14.20	12.30	1.90	20.96	16.58	4.38	张无敌等，2006
石榴	19.91	18.27	8.98	8.80	8.40	0.40	10.78	10.26	0.52	李紫薇等，2017
辣椒	100.10	79.63	25.71	2.76	2.38	0.38	3.38	2.92	0.46	张无敌等，2016
生菜	58.69	20.58	185.18	1.54	0.75	0.79	3.15	2.05	1.10	殷世鹏等，2016
白菜	33.66	24.51	37.33	3.20	2.79	0.41	3.39	3.21	0.18	杨益琼等，2016
青菜	20.31	12.83	58.30	1.82	1.11	0.71	2.01	1.14	0.60	郭双连，2005

第三节　沼渣的其他利用

沼渣可以直接用作肥料，也可以进一步加工成商品肥和其他产品。用作沼肥的沼渣应该来自于发酵完全的沼气发酵池或罐，满足《沼肥》标准，水分含量60%~80%，pH值为6.8~8.0，沼渣干基样的总养分含量应≥3.0%，有机质含量≥30%。

一、沼渣肥料化利用

1. 沼渣作基肥

沼渣的养分含量高，还含有丰富的有机质和较多的腐殖酸，肥效缓速兼备，是一种具有较高利用价值的有机物肥料，可以替代化肥、增强土壤肥力。沼渣直接用作基肥是目前最为常见的利用方式，沼渣做基肥时，可采用穴施、条施、撒施等方法。撒施后应立即耕翻，使沼渣充分和土壤混合，并立即覆土，陈化一周后便可播种、栽插。施用量根据作物不同需求进行，具体年施用量见表4-3-1。

表 4-3-1 几种主要作物的沼渣年施用参考量

作物	沼渣施用量（千克/公顷）
水稻	22 500~37 500
小麦	27 000
玉米	27 000
棉花	15 000~45 000
油菜	30 000~45 000

（续表）

作物	沼渣施用量（千克/公顷）
苹果	30 000～45 000
番茄	48 000
黄瓜	33 000

沼渣作为基肥时，可以在拔节期、孕穗期施用化肥作追肥。对于缺磷和缺钾的旱地，还可以适当补充磷肥和钾肥（表4-3-2）。

表4-3-2 几种主要作物沼渣与化肥配合年施用参考用量（N素化肥选用其中一种）

作物种类	沼渣用量（千克/公顷）	尿素用量（千克/公顷）	碳铵用量（千克/公顷）
水稻	11 250～18 750	120～210	345～585
小麦	13 500	150	420
玉米	13 500	150	420
棉花	7 500～22 500	75～240	240～705
油菜	15 000～22 500	165～240	465～705
苹果	15 000～30 000	165～330	465～945
番茄	24 000	255	750
黄瓜	16 500	180	510

2. 沼渣作追肥

沼渣也可以作为追肥，在果树上应用较多，主要以穴施和沟施为主。苹果每棵可以施用沼渣20～25千克作为追肥（吴亚泽等，2009），柑橘类每棵可以施用沼渣50～100千克作为追肥（吴带旺，2010）。沼渣也可以作为农作物和蔬菜的追肥，每亩（15亩＝1公顷。全书同）用量在1 000～1 500千克，可以直接开沟挖穴将沼渣施在根周围，并覆土以提高肥效。

3. 深加工肥料化利用

沼渣也可以经过好氧堆肥后再利用，高温好氧堆肥发酵不仅能够稳定沼渣的性质，提高其性能，还能提高其所含有机物复合化、资源化效率。沼渣堆肥过程需要供应充足的氧气，如果分离出来的沼渣太湿、太稠，堆肥需要添加有机纤维物质（如木屑、秸秆）改善发酵环境和调节C/N。由于沼气发酵过程中，大部分有机物已经被降解，因此，沼肥堆肥能达到的温度只有55℃左右，没有畜禽粪便堆肥达到的温度高。堆肥可以降解木质素、纤维素等有机大分子，去除有害物质；同时蒸发大量水分，增加固体部分的养分浓度，但也会造成氮损失。

经过堆肥处理后，沼渣可以通过转鼓干燥机、带式干燥机以及喂料转向干燥机等设备进行干燥。但是在干燥过程中，沼渣含有的氨氮以氨气形式转移到干燥机废气中，因此需要处理废气，防止氨的排放。通过干燥，可以形成干物质含量达70%甚至80%的沼渣，便于储存和运输。沼渣经过好氧堆肥后可以直接利用，也可以经过造粒等工序制成有机肥出售，沼渣制肥工艺流程图（图4-3-1）。

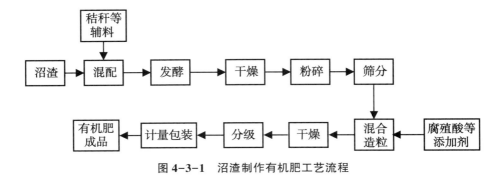

图4-3-1　沼渣制作有机肥工艺流程

二、沼渣的基质化利用

由于沼气发酵残余物中大部分水溶性速效营养成分被分离到沼液中，沼渣中的营养成分主要以缓释性营养成分为主，除了作为基肥外，沼渣基质化利用也是较好的选择。pH值和电导率EC值是评价基质的重要指标之一，对作物的生长发育及品质有很大影响，与常用有机质草炭相比，沼渣pH值略高，但也在理想值范围之内，沼渣的EC值也符合理想基质要求，有利于有机蔬菜的基本生长发育（表4-3-3）。但是由于沼渣中营养成分含量较高，单独的沼渣不宜直接作为栽培基质使用，一般要与蛭石、珍珠岩、草炭等材料复配后用于育苗、无土栽培和食用菌栽培等。

表4-3-3　沼渣与其他有机质pH和电导率的比较（赵丽等，2005）

样品	pH	电导率EC值（毫西门子/厘米）
进口草炭	5.74	0.11
华美草炭	5.1	0.24
沼渣	7.22	1.48
理想基质	6~7.5	<2.5

育苗基质的主要作用是固定并支持秧苗、保持水分和营养、提供根系正常生长发育环境。沼渣与其他材料复配后可以直接放入成型的育苗盘进行育苗，也可以通过机械在

一定的压力下压制成圆饼状的育苗营养块。在基质中添加一定比例的沼渣，有利于促进幼苗的生长，提高幼苗的质量。但是沼渣的比例不宜过高，具体比例因沼渣的营养成分含量和育种的作物而已，一般沼渣添加比例不超过50%，以鸡粪为原料的沼渣添加比例一般较低，以秸秆为原料的沼渣添加比例相对高一些。

如表4-3-4所示，沼渣常被用于蔬菜育苗和无土栽培中，主要与蛭石、珍珠岩、草木灰等进行复配。用作林木育苗、草皮培育、水稻育苗的基质，可以与椰糠、土壤等进行复配。而用于食用菌类的栽培则需要与更多的材料进行复配，如麦秆或稻草、棉籽皮、石膏、石灰等。培养蘑菇时，需要按沼渣：麦秆或稻草：棉籽皮：石膏：石灰＝1 000：300：3：12：5的比例混合作为栽培料。培养平菇时可以按沼渣：棉壳＝6：4或7：3进行配料。培养灵芝时则需要在沼渣中加入50%的棉籽壳、少量玉米粉和糖。

三、沼渣的其他利用

沼渣富含营养盐、氨基酸等可以用作动物饲料，用于养鱼、喂猪、养蚯蚓等。对于一些因重金属超标或者因其他原因无法进行肥料化等利用的沼渣，则可以材料化和能源化利用。

1. 饲料化利用

沼渣中含有一定量的粗蛋白、粗纤维和氨基酸，可以用于动物饲料。沼渣可以用于养黄鳝，沼渣中的养分，可供鳝鱼直接食用，同时也能促进水中浮游生物的繁殖生长，为鳝鱼提供饵料，减少商品饵料的投放，节约养殖成本。沼渣也可以用于蚯蚓养殖，一般沥干的沼渣要与20%左右的碎稻草、麦秆、树叶混合使用。

2. 材料化利用

沼渣中含有一定量的粗纤维，干燥的沼渣质地疏松，能替代砂、秸秆作为畜禽垫料。如在奶牛饲养中，牛卧床的砂常常进入牛粪污水中，影响粪污处理与沼气发酵，目前的技术措施很难去除牛粪中的砂，采用沼渣替代砂作为牛卧床垫料可取得较好的效果。

一些研究显示，沼渣可以作为低级的建筑产品和复合材料生产中密度纤维板或木-塑复合板（WinAndy & cai，2008）。武汉理工大学利用沼渣作为造孔剂加入到原料体系中可获得较好的塑性成型能力，将沼渣掺量控制在10%、烧结温度制度控制在1 000℃并保温3小时时，能够制备出满足MU10（GB 5101-2003）各项性能指标条件并符合环境保护要求的烧结墙体材料（蹇守卫等，2015）。

表4-3-4　沼渣有机基质化利用

作物	类型	复配方案	参考文献
青椒	育苗	沼渣：秸秆：草木灰配比3：1：2和3：0.5：2	祝延立等，2016

（续表）

作物	类型	复配方案	参考文献
番茄	育苗	与草炭、蛭石、珍珠岩复配，沼渣的施用量不应大于30%，10%沼渣的配比最优	常鹏等，2010
茄子	育苗	基质与沼渣配比为1：5的效果最好，促进茄子幼苗的生长，提高幼苗的质量	李烨等，2012
番茄、辣椒	无土栽培	沼渣：蛭石：珍珠岩体积比为2：3：1的配比最能促进作物的株高和叶片的生长	王秀娟，2006
油茶	育苗	与椰糠、黄心土复配，沼渣添加量为15%的配方油茶扦插苗的新梢长度高于其他配方	李烨等，2012
白桦	育苗	沼渣：椰糠：蛭石＝4：4：2	苏廷，2017
高羊茅	草皮无土栽培	沼渣：土壤体积比为6：4	宋成军等，2015
水稻	育苗	沼渣与床土比例为1：4，水稻各项生理指标较好	崔彦如等，2015
金针菇	栽培基质	40%沼渣、30%麸皮、29%玉米芯、1%石膏，含水量63%~65%	于海龙等，2012

沼渣富含碳源，是制备生活质来源活性炭的良好材料。由于生物炭比表面积大，吸附能力强，吸附效率高，是生物炭是国内外研究的热点。20世纪90年代以来，有学者（Namasivayam，1994，1995，1998，2002）尝试用沼渣制备的生物炭，有效吸附了刚果红、酸性艳蓝、铬盒铅等重金属。厦门大学以沼渣为原料，用5种不同的化学活化法制备生物炭，他们均对氨氮具备吸附效果。其中用氢氧化钾制备的生物炭吸附效果最好，对氨氮符合准二级吸附动力学，吸附等温曲线为Langmuir型，最大吸附容量能达到120毫克·克$^{-1}$.（郑杨清，2014）。

3. 能源化利用

能源化也是一些无法肥料化利用沼渣的一种出路。Kratzeisen等（2010）对两种不同原料的脱水沼渣进行燃烧试验，发现其热值与木材相当，且产生的烟气能够达标排放，证明了沼渣作为燃料原料的可行性。沼渣能源利用涉及另外的处理，如纤维分离、干燥、甚至造粒。含有高灰分、硫和氮含量的沼渣沼液还必须进行排放控制。

第五章 "果沼畜" 沼肥需求模式

第一节 模式简介

在我国存在大量土地肥力贫瘠的地区，如何科学、可持续地提高土壤肥力、如何高效地推动这些地区种植业和养殖业有机结合，进而推进渔区农业生态良性循环，实现农业提质增效、农民节本增收，一直都是学者研究的热点问题。沼气工程在我国的快速发展为解决上述问题找到了一个突破口，沼气工程可以高效连接种植和养殖两端主体，可以起到催化剂的作用，真正实现多方受益。而针对一些地区对土壤肥力提升和有机肥使用的特殊需求，以沼气工程建设为纽带的"果沼畜"沼肥需求模式应运而生。

"果沼畜"沼肥需求模式的业主以种植基地业主为主，也有第三方主体。该模式的沼气工程主要用作发酵生产沼肥，不过于追求沼气产气量，所产沼气也主要用作种植基地用能。另外，该模式以种植规模来确定沼气工程的建设规模，进而再确定建设与沼气工程匹配的养殖畜禽规模。整个模式的侧重点是种植（水果、蔬菜、茶叶和牧草等），配备适宜规模的养殖场所或通过处理秸秆和其他养殖场的粪污通过沼气工程发酵来获取沼肥，以沼肥自用为主，沼气用能为辅。沼气工程发酵规模多为中小型，发酵原料多为自建养殖场、外面养殖场的畜禽粪污和自己种植基地的秸秆，沼渣沼液全部由种植基地消纳。

第二节 典型案例及效益分析

一、案例1：农业农村部梁家河沼气示范工程"果—沼—畜"沼肥需求模式

1. 模式特征

独立于养殖场和种植企业的第三方运营，以沼肥需求为导向，周边种植多少水果蔬

菜，需要多少沼肥，建设与之匹配的沼气工程，进而建设与之匹配的养殖场。沼气工程发酵规模多为中小型，发酵原料以周边养殖场的畜禽粪污为主，以部分秸秆为补充，建设有完备的沼肥利用设施，如灌溉管网、提灌站、抽排车、泵和田间储肥池等，沼渣、沼液能被周边种植基地全部消纳。

2. 工程基本情况

梁家河沼气示范工程俯瞰图见图 5-2-1，工程总投资 220 万元，发酵原料周边 10 千米的猪粪，以每吨 50 元的价格购买，用沼渣抽排车输送，发酵容积 280 立方米发酵罐 1 个，双膜贮气柜 200 立方米 1 个。沼气用于发电，沼渣通过固液分离机分离出来，沼渣、沼液全部用于周边苹果种植园，苹果园区建设有完备的沼肥储存池和沼液滴灌管网。热电联产和模块组装建设，占地 4 亩。发酵工艺为 CSTR，有完备的增温保温和搅拌系统，加热用发电余热和沼气锅炉（图 5-2-2）。

图 5-2-1　梁家河沼气示范工程俯瞰图

该沼气工程建在黄土塬上，塬上有 2 000 亩苹果园，苹果地建有水肥一体化调配站 20 个（图 5-2-3），用于存储沼肥，根据苹果不同用肥时间进行调配施用，每个池覆盖 100 亩左右的苹果园。

苹果园还建有雨水收集池，沼液与收集的雨水 1∶1 进行调配，经过沉淀，两级过滤后，通过机电泵和滴灌管网将水肥输送到苹果树的根部（图 5-2-4）。

3. 效益分析

（1）生态效益。该工程能处理周边 10 千米范围内的畜禽粪污 1 800 吨，年产沼气 7 万立方，相当于年减排温室气体 800 吨 CO_2，年产沼渣 100 吨，沼液 1 500 吨，全部用于周边苹果园。

（2）经济效益。该沼气工程年成本如下：人工费用，每人每月 5 000 元，一共 3 人，

图 5-2-2 梁家河沼气示范工程部分设施

图 5-2-3 梁家河水肥一体调配站

一年合计 18 万元；原料费，每个月 1 000 元，每年 1.2 万元；水电费，每月 0.12 万元，每年 1.44 万元；租地费：0.4 万元。收入：截至调研时止，沼渣、沼液免费给周边苹果地，沼气发电未上网，没有产生效益。

（3）社会效益。示范意义：农业农村部韩长赋部长曾两次到梁家河调研（图 5-2-5），韩部长强调，应通过沼气将苹果种植和畜牧养殖相结合。提出了"以果定沼，以沼定畜，以畜促果"的"果沼畜"生态循环发展理念。

民心工程：处理周边养殖场畜禽粪污，养殖场和农户相处较为融洽，无纠纷，治安

图 5-2-4　梁家河沼气示范工程滴灌系统

较好，社会较为稳定和谐。沼渣、沼液免费提供给周边苹果种植户，周边农户普遍反映党和政府的政策好，政府支持建成的沼气工程不但是环保工程、能源工程、更是民心工程。

图 5-2-5　农业农村部部长韩长赋实地考察梁家河沼气示范工程

二、案例 2：宁夏回族自治区五丰农业科技有限公司沼肥研发生产模式

1. 模式形成背景

宁夏回族自治区（以下简称宁夏）沼肥研发、生产始于 2010 年。2009 年宁夏提出

"一村一池"大型沼气工程建设思路，经国家发改委、农业部批准在兴庆区掌政镇茂盛村、青铜峡市小坝镇小坝村建设2处池容600立方米沼气工程，每处供农户用气80户，同时批复生产沼肥，探索沼气工程"三沼综合利用"完整的产业链条。近几年，以此为基础，不断壮大研发、生产、利用规模，沼肥施用不仅用于该区水稻、长枣、硒砂瓜、设施农业等特色优势农业，而且辐射推广到内蒙古、新疆等多个省区。

2. 工程基本情况

（1）基地概况。沼肥研发生产基地位于银川市西夏区通山路五丰产业园内，占地面积6 670平方米。主要由宁夏农业微生物（银川）技术创新中心沼肥菌种研发实验室、沼肥菌种发酵车间、沼液复合微生物肥料生产车间、大型沼气站组成。总投资为1 500万元，目前已完成投资900万元。项目承担单位为宁夏五丰农业科技有限公司，技术依托单位为宁夏农业微生物应用技术院士工作站、宁夏农业微生物（银川）技术创新中心和北方民族大学。

（2）沼肥菌种研发实验室。沼肥菌种实验室按照"以菌促菌、以菌抑菌"的原则，筛选沼气专用的微生物菌种。主要设备有菌种筛选机、台式离心机、大容量冷冻高速离心机、爱本德的精密移液器、卧式圆形压力蒸汽灭菌器、超净工作台、紫外分光光度计、火焰光度计、恒温水浴锅、恒温培养箱、石墨原子吸收光谱仪。目前该实验室所有设备全部依托北方民族大学。

针对沼气发酵液体中的可溶物只有很少部分是原料中残留的，大部分是新生代谢产物的特点，筛选厌氧发酵菌"以菌促菌"，达到提高沼气产量，加速残留物腐熟的目的；针对沼液含有大肠杆菌等有害微生物的特点，筛选好氧发酵菌添加到沼液中，在沉淀池中进行二次好氧发酵"以菌抑菌"，达到除臭、杀灭有害菌的效果；针对沼气发酵原料差异较大，导致肥效不稳定，筛选能够适应沼液环境，调节沼肥效果的菌种。达到提高肥效的目的。

（3）沼肥菌种发酵车间。沼肥菌种发酵车间的任务是将沼肥菌种研发实验室筛选出来的具有不同功能的菌种，根据市场需要进行工业化、大规模生产。

主要设备：1吨燃煤（沼气）两用蒸汽锅炉1台、365千瓦电热蒸汽锅炉1台、132千瓦大型空气压缩机1台、2吨双级反渗透水处理装置1台、1吨配料罐1台、300升补料罐3台；300升、3吨、30吨发酵罐（三级扩繁）各1台；大型工业离心机2台；300升、5吨发酵罐（二级扩繁）各2台。

主要产品：好氧发酵剂、沼肥肥效调节菌剂、有机物料腐熟菌剂、生防菌剂、生物保鲜菌剂、青贮剂（用于苜蓿等饲料贮存）、根瘤菌接种剂（用于豆科作物替代化学氮肥）等。

年生产能力：好氧发酵剂300吨、沼肥肥效调节菌剂10吨、有机物料腐熟菌剂200

吨、生防菌剂 10 吨、生物保鲜菌剂 10 吨、青贮剂 100 吨、根瘤菌接种剂 200 吨。

生产产品的数量，可根据市场需要进行调整。

（4）沼液复合微生物肥料生产车间。沼液复合微生物肥料，是以沼气发酵后残留的沼液、沼渣为基本原料，添加具有特殊功能（除臭、调节肥效、防病）的微生物菌剂、各种配料，进行二次发酵，通过专用加工设备、特殊工艺，达到减少臭味，提高肥效，均衡营养而生产出来的一种新型肥料。

主要设备：好氧发酵器、沼液自动过滤器、石英砂叠片过滤器、空气净化系统、清液（糊状沼液）提升系统、配料提升罐、压缩空气系统、清液复配混合罐、精细过滤器、糊状沼液复配罐、成品罐装罐、计量罐装系统、自动打包机等。

年生产能力：沼液复合微生物肥料 2 万吨。

社会效益。一是充分利用沼气发酵后的残留物，避免禽畜粪便二次污染；二是依靠肥料收入，解决沼气站正常的运行费用。

（5）大型沼气站建设和运行技术示范。利用大型沼气站建设及运行技术，改变传统沼气站结构，将高新技术溶入基础建设、日常运行之中。如引入 PH、溶氧、温度自动检测，自动调控技术等；进行高效厌氧与好氧菌种开发及混合发酵、沼气高温（升温）混合原料发酵工艺等。

主要设备：有机废液储存罐、格栅粉碎机、预处理池、升温池、800 立方米厌氧发酵罐、沼液储存池等。

3. 沼肥利用

宁夏五丰农业科技有限公司，根据沼气残留物（沼液、沼泥、沼渣）的性状，利用自己筛选的具有不同功效的微生物菌种，加工生产出 5 种性能各异的沼液复合微生物肥料。剂型分为液体（叶面肥、滴灌肥）、糊状、固体（粉剂、颗粒），能够适应各种作物、各种土壤、各种种植模式需要。

（1）肥料的类型及特点。

① "喷（滴）灌沼液复合微生物肥"：用沼液为原料生产，过滤精度在 200 目以上，能够适应各种滴灌设备。具有节水、节肥、省工、增产、改善作物品质等良好作用。与其他用于水肥一体化的化学肥料相比，主要优点：肥效均匀，容易被作物吸收，利用率比较高；沼液的特殊气味，有一定的驱虫效果，可减少化学农药用量；由于功能菌的作用，可以促进作物根系发育、预防土传病害、克服连作障碍、提高作物品质。

"喷（滴）灌沼液复合微生物肥"。经过深加工后，还可以生产叶面肥和花卉专用肥。

② "冲施沼泥复合微生物肥"：用糊状沼泥为原料生产，含有丰富的氨基酸、腐殖酸、有机质、微量元素及有机胶体物质，作物灌水时与其混合在一起冲施。主要特点：

有利于土壤团粒结构形成，增强土壤通气透水性能，达到改良土壤效果，特别适合沙荒地土质改良。是贺兰山东部葡萄种植基地的首选肥料。

③"沼渣微生物有机肥"：用沼渣为原料生产，分为粉剂和颗粒剂两种，主要用于各种农作物的底肥。可以起到修复土壤的、提高作物品质的效果。

④除了上述5种沼液复合微生物肥料外，利用微生物功能菌、沼液、氨基酸等原料，通过科学配比、经过深加工生产出既能防病驱虫，又能提供肥料养分的叶面高端生物有机肥。

（2）推广的地点、作物、面积。几年来，试验示范推广的地点、作物有：兴庆区月牙湖乡的红树莓、枣树；掌政镇的番茄；贺兰县金贵镇、习岗镇的辣椒、茄子、水稻；永宁杨和镇、望洪镇、胜利乡、望远镇的设施大棚；固原市原州区马原村的黄瓜；内蒙古阿左旗巴润别立镇的大棚吊瓜、西瓜、桃树；宁夏园艺博览园、昆仑园区、永宁县领鲜果蔬现代农业示范基地、固原六盘山薯业有限公司及宁夏周边省、市的近百个试验示范点，累计推广沼液复合微生物肥料约2万吨，使用面积3万多亩。

（3）永宁望远镇政权村设施大棚种植园区。永宁望远镇政权村设施大棚种植园区。园区及周边共有设施大棚约1 000栋，面积约800亩，主要种植番茄、辣椒、梅豆等作物。由于长年种植和常规（用化学肥料和化学农药）施肥，导致该园区连作障碍频发、土传病害严重，部分大棚已无法继续种植。

自2015年以来，五丰公司在该园区推广销售沼液复合微生物肥料150多吨，使用沼肥的大棚200多个（其中6个作为试验示范用），推广面积近200亩，种植品种有番茄、辣椒、梅豆、芹菜等。所有使用沼液复合微生物肥料的大棚，均未发生连作障碍，苗齐苗壮，长势良好。

第六章　种养结合生态自循环模式

第一节　模式简介

　　粪污还田是一种传统的、粗放的、便捷的粪污处置方法，适用于土地宽广的乡村地区，需要大量的农田土地消纳畜禽粪污，且养殖户的规模普遍较小，但粪污直接还田，大量有机质很容易造成水体污染甚至传播病虫害，特别是养殖规模庞大的养殖场，必须对其粪污妥善处理。同时，随着我国环保工作和农产品食品安全工作的有序推进，传统种植业正在逐步转型升级，种植业对有机肥、绿色农药的需求量不断增加。建设沼气工程对畜禽粪污进行发酵处理，既消除了养殖业粪污的环境污染，又生产了清洁能源，更重要的是可以为种植业提供沼肥。另外，在厌氧发酵过程当中，病原菌、寄生虫卵等一些病菌可被杀死，切断了养殖中传染病和寄生虫病的传播环节。

　　种养结合生态自循环模式的基本特点是：业主同时建有养殖场和种植基地，养殖产生的粪污经过沼气工程发酵处理，为种植基地提供有机肥，种植基地的农作物又为养殖场提供青饲料，进而实现养殖和种植的生态循环。将处理畜禽粪污和沼肥综合利用结合起来，种养平衡，生态循环，沼气自用、发电自用（未上网）或集中供气。沼气工程发酵规模大中小型均有，沼渣沼液种植基地全部消纳，整个模式可以节约养殖环节的饲料成本，并提高畜禽产品的品质，种植环节可以节省化肥和农药购买的开支。

第二节　典型案例及效益分析

一、案例1：安徽省焦岗湖农场"猪—沼液—稻（麦、菜、果）"模式

1. 模式形成背景

焦岗湖农场位于安徽省阜阳市颍上县境内，隶属于安徽省农垦集团公司，属国有企

业。耕地面积6 000亩，以种植业和养殖业为主。种植业以种水稻、小麦、大豆、瓜果蔬菜为主。养殖业以养猪为主，年出栏生猪37 000头，年产粪污62 000吨。为发展生态农业，循环农业，开展生产环境治理，从2014年起，农场围绕转变养殖业生产方式，按照"养殖集中化、规模适度化、技术标准化、粪便资源化、治理生态化"的思路，立足大农业、大生态发展战略，坚持以沼气工程为核心，以区域匹配、综合利用为原则，积极探索种养结合生态循环模式：猪—沼液—稻（麦），猪—沼液—菜（果）模式，实现区域配套、循环共生。已取得较好成效。

2. 沼气工程系统建设及运行情况

（1）沼气工程系统组成。

①沼气发酵存储系统：由于养殖场所在地水源丰富，因此生猪养殖采取"水厕所"工艺，在减少人工成本的同时改善了猪舍环境，提高了猪肉品质。但产生的废水量大，每天大约产生粪及污水160吨。经考察调研，养猪场2015年自行投资240万元选择建设了一座1.3万立方米的"盖泄壶"式沼气发酵池（图6-2-1），配套建设了4万立方米沼液储存池，一座250千瓦沼气发电站及沼气净化设施等。养猪场粪污水通过建设在猪场的地下管网汇聚到提升井，经提升泵站每天按时提升到沼气发酵池。该沼气发酵池采用进口柔性耐腐蚀、耐老化膜材料建造，为产气和储气一体化结构。正常沼气发酵浓度约1%，原料滞留期40天左右。池上方是沼气，中间为沼液，底部为沼渣。沼气经脱水、脱硫净化后进入发电系统发电。发酵后的沼液流入沼液储存池待用；沼渣流入漏粪板式晒渣台晒干收集制成生物肥。沼气池自建成后除每年冬季最寒冷时不用，一直在运行发电。

图6-2-1　焦岗湖农场1.3万立方米"盖泄壶"沼气工程一角

②沼气发电系统：猪场投资80多万元，安装1台250千瓦发电机组及配套设施（图6-2-2）。沼气池2016年生产沼气10个月，总产气量40万立方米，发电30万度以上，平均每天发电10小时。夏季可保证猪场70%的用电需要。

图 6-2-2　沼气发电设施

（2）沼液肥的利用系统。

①输送沼液的地下管网系统：农场和猪场共同投资 60 多万元，建设通达全场输送沼液的地下管网（图 6-2-3），并和农场农作物灌溉系统并网，以便于在农作物需要使用时将沼液和清水按一定比例混合。为保证沼液和清水按一定比例混合，农场将原有的清水泵站进行改造，增加变频调速，使泵站出水可调可控。

图 6-2-3　沼液灌溉渠

②肥水一体化调配系统：目前，焦岗湖农场主要在水稻、小麦、南瓜种植上使用沼液浇灌。农场每年对将要使用沼液的地块土壤进行检测，主要是观测土壤有机质、重金属、氮磷钾等含量的变化；沼液使用前也要经过检测，主要检测沼液中各种重金属、COD、BOD 等含量，防止重金属对土壤造成污染的同时，确定化肥减量范围。沼液施用是通过铺设到农场田间地头的管道输送到每个需要的农作物地块和清水按一定配比混合灌溉农作物。

2016 年该农场已将 60 000 吨沼液在 2 200 亩水稻、500 亩小麦、200 亩瓜果蔬菜施用。水稻一季 4 次施用，小麦和南瓜一次施用。效果良好。

③沼渣的利用：沼气站 2016 年共产生沼渣约 2 300 吨，除部分用做农场瓜果蔬菜基肥使用外，主要出售给农场周边西瓜、葡萄种植大户，以每吨 200 元的价格出售，每吨沼渣有机肥可用于 2 亩地的瓜果施用。2016 年共向周边农户提供了 2 000 吨沼渣生物肥。

3. 效益分析

（1）社会效益分析。焦岗湖农场养猪场以沼气工程为纽带的生态农业建设，为社会提供了大量绿色有机农产品。仅 2016 年间，该猪场共出售优质肉猪 37 000 头，有机肥料 2 000 吨。农场生产出售生态大米 1 000 吨，小麦 350 吨，蔬菜若干吨。猪场基本解决了因养殖规模扩大带来的环境污染问题，生产规模显著上升。2016 年，沼气工程共生产应用沼气 40 万立方米，除部分供应猪场职工食堂做燃料外，共发电 30 万千瓦·时。据测算，全年节约生产生活用煤 15 吨，节约购电 30 万千瓦·时。沼液、沼渣作为有机肥料种植粮食、瓜果蔬菜等，每年为农场节约化肥总计约 60 吨。沼气工程的建设为发展生态农业，治理环境污染，促进节能减排起到了积极作用。另外，随着养殖生产规模的扩大，吸纳当地的劳动力增加。解决了部分社会劳动力的就业问题。同时，向农场周边瓜果菜种植农户提供沼肥，提高了农产品品质和经济收益，受到农民的普遍欢迎。

（2）经济效益分析。据 2016 年底统计，焦岗湖农场全年增收节支总收益为：155.5 万元。其中①猪场每年节约沼液处理费用 55.5 万元（每出栏一头生猪污水处理费按 15 元计算）；②猪场每年节约用电 30 万度，减少开支 15 万元；③猪场生物肥销售每年实现收益 40 万元；④施用沼肥，2 200 亩水稻节约使用化肥 6 万元；2016 年利用沼液种植的 2 200 亩"南粳 9108"水稻单产 700 千克/亩，单产提高 100 千克，每千克较周边同样品种水稻多卖 0.20 元，合计 30.81 万元；⑤2016 年秋季在 300 亩小麦种植上开始尝试使用沼液，种植时每亩减少化肥 10 千克，种子 5 千克，长势较好，成熟时籽粒饱满，色泽鲜亮，产量较周边地块每亩高 50 千克。共节约化肥 3 吨，种子 1.5 吨，增收小麦 15 吨，总计增收节支约 4 万元。⑥农场种植的瓜果蔬菜以沼渣做底肥、浇灌沼液，完全不上化肥、不打农药，品质佳、口感好，如种植的葡萄价格是周边同品种葡萄的一倍，且供不应求。2016 年 200 亩果蔬减少化肥、农药使用节约 1.2 万元，增收 3 万元以上。

（3）生态效益分析。焦岗湖农场以养猪场为平台，沼气工程为纽带，以绿色生态农业发展为先导，开展资源多层次循环利用，不仅改善了农场养殖业生产环境，更改善了农场整体生态环境，取得了显著的生态效益，并有力促进了农场现代生态农业产业化的建设步伐。

养殖场沼气工程每年可产生沼肥 62 000 吨，它不仅能满足本农场 6 000 余亩可耕地基本用肥，还能够为周边瓜果农户提供沼渣肥；通过使用沼肥减少了化肥、农药和水使用量，据测算年节约灌溉用水 60 000 吨以上，减少污水 COD 排放 60 吨左右。另外，农场一年两季产生 6 000 吨秸秆，目前除了少量秸秆做生物肥和养殖使用外，剩下全部用于粉碎深翻还田。实践表明沼液浸泡土壤可以加速促进秸秆分解，解决了秸秆还田难腐烂问题。同时由于沼肥自身经过了厌氧发酵的过程，杀灭了内含的病原菌，含有丰富氨基酸、维生素、多种微量元素等，因此使用它安全多效。从土壤现状看，通过施用沼肥改善了土壤团粒结构，增加土壤有机质含量，为生产绿色、有机食品打下基础。通过施用沼肥减少了化肥、农药的施用量，大大减轻了农业面源污染问题。

同时，沼气工程每年可生产沼气 40 万立方米左右，折合 280 吨标煤，可减少 CO_2 排放 728 吨，减少 SO_2 排放 10.72 吨。

2016 年，焦岗湖农场养殖业产值是种植业产值的 3 倍，通过沼气工程建设，目前没有因为养殖业的发展造成空气、水体、土壤等方面的任何污染。而沼气站产生的沼渣、沼液不仅促进了农场生态农业发展，而且还深受农场周边瓜果种植户的欢迎。

二、案例 2：安徽省安庆市龙泉生态农林开发有限公司"农林废弃物—猪—沼—果（林、菜）"模式

1. 模式形成背景

安庆市龙泉生态农林开发有限公司位于安徽省安庆市宜秀区杨桥镇鲍冲湖村境内，属半山区地貌；生产基地自然风景资源得天独厚，有着山水结合十分优美的自然景观。

该公司于 2010 年创办，先后与安徽农业大学、安徽省农业科学院、安徽省循环经济研究院等建立产学研共同体。按照现代循环经济的理念，积极探索实施"农林废弃物—猪—沼—果（林、菜）"的生态循环农业模式。主要是以发展种植业、养殖业为主、辅以农林产品深加工，并打造生态循环模式的科技型现代农业公司。基地占地总面积 1 200 亩，现已开发 600 亩，其中蓝莓占地 300 亩，桑椹、柑橘、核桃、杨梅、银杏树、红豆杉等 260 亩。计划总投资 1.2 亿元，现已投资 4 000 多万元，已建设猪舍 1 200平方米，现常年存栏生猪 500 余头（育肥猪），建设大型沼气站一座；各种沟渠管道及道路 5 000 米，综合用房 800 平方米，管理房 300 平方米，休闲观光餐厅 800 平方米。公司成立 6 年来，已初具规模，现有职工 12 人，季节性临时工 30 余人，2012 年被安徽省政府主管部门批准为"安徽省林业产业化龙头企业""安庆市农业产业化龙头企业"。2013 年获安徽省循环经济研究会"先进单位"称号。

2. 沼气工程建设、运行情况

在生产基地的建设中，按照"减量化、再利用、再循环"原则，基于"节能减排、

发展循环农业、实现生产无害化"的现代农业产业化发展理念，2012 年自行投资 280 万元建设了一座 600 立方米玻璃钢结构大型沼气发酵装置，配一座 200 立方米湿式储气柜（全玻璃钢结构），并配套建设安装储肥池（罐）18 个和水肥一体化滴灌系统（图 6-2-4），将畜牧粪污与林业废弃物通过厌氧处理，产生沼肥及沼气，使污染达到零排放。

图 6-2-4　沼气发酵装置及沼液储存罐

多年来，沼气工程一直连续运行，常年日均产沼气 200 立方米左右，沼气主要用于养殖场和基地生产和职工食堂及对外休闲旅游餐厅用能；沼肥 13 吨，采取固液分离，沼渣用作基肥，沼液基本全部用于基地经果林地和农业种植物（图 6-2-5）；以沼气工程为纽带的"种—养—加"生态产业链已初步形成，实现绿色种植、生态养殖、清洁能源生产和高品质农产品生产加工一体化。达到了农林废弃物资源化循环利用的目的，使养殖、种植、休闲观光三大生态产业形成了互为资源、互相促进、互为支撑的良性循环，取得了显著社会效益、生态效益和经济效益。

3. 沼气与生态循环农业结合情况

目前，公司基地内养殖业主要有生猪、放养鸡及各种水产品。种植业主要有蓝莓、桑椹、柑橘、核桃、杨梅、银杏树、红豆杉等名、特、优、精农林品种 20 余种。公司根据基地的自然地貌条件，因地制宜进行科学规划。一是园内扩建有一座 50 亩水库及 3 座小水塘，确保了农作物的用水需要，也为养鱼和发展休闲观光业奠定了基础；二是建设了生态养猪场，并在树林里放养土鸡，把大量的猪粪、鸡粪及枯枝废叶通过沼气站转化成优质沼肥，再把沼肥全部还原于山林、果园、菜园、苗圃、鱼塘。目前，沼肥的利用主要采取以下方法：沼气工程产生的沼肥经固液分离后，沼渣做基肥，沼液用机泵定期打入在植物园区高丘不同位置建设的若干个沼液储罐内，需要施肥时打开闸阀利用管道网络自然落差对作物进行施灌。整个园区初步形成了"长短结合，优势互补，和谐共生，循环利用"的种植养殖新格局，实现了农业生产废弃物资源化利用，无污染"零"

图 6-2-5　种植基地

排放，促进了园区农林作物绿色有机生产。为确保有机产品的品质，延长产业链，实现效益最大化，2016 年新建了一条蓝莓果酒生产线，以解决蓝莓果等难存放的难题，同时使资源产出率更高。另外，利用蓝莓和红豆杉的良好观赏性和净化空气的作用，种植了蓝莓和红豆杉盆景供游客观赏和出售（图 6-2-6）；同时，对生猪、林下养鸡和果品积极争创名牌农产品，并申报绿色、有机认证，注册了"步泉"商标。同时，公司在发展种植、养殖业的同时大力开发生态农林旅游，在公司基地内已打造了五大功能区，分别为优质林果花卉区、现代农林服务区、养殖区、循环经济示范区、度假休闲旅游区。

图 6-2-6　蓝莓、猕猴桃种植基地

4. 效益分析

公司基地通过发展以沼气工程为纽带的生态农业循环模式，实现了各种功能资源间的互补和对废弃物的多层利用，促进了生态农林业的循环发展。已取得了较好的综合效益。

（1）社会效益分析。该公司基地的建立为周边地区提供了新鲜、绿色的健康果蔬、禽畜产品。据 2016 年统计，全年共向周边市场提供了优质肉猪 1 000 余头，生态草鸡 5 000 余只，鲜鱼 300 千克，蓝莓鲜果及深加工产品 100 吨，景观树苗及盆景 3 000 余棵。此外，在时令季节还向公众提供了各种水果采摘体验观光活动等。这些都丰富了周围城市百姓的精神生活，同时也带动了当地农民就业和周边经济的发展。

（2）经济效益分析。该基地开展以沼气为纽带的生态农业循环的经济效益主要体现在其对经济发展的带动和促进作用上。通过该公司提供的发展统计数据，可以得出在基地建立的 6 年间，其经济发展水平呈现出了明显的上升趋势，尤其是随着基地建设内容和规模的扩大、经果林的快速成长与大量结果，投资成本不仅得到了逐步回收，还得到了一定的经济回报，加快了公司经济增长的速度。另外，新品种的不断引进开发也进而促进了经济效益的显著增加。据 2016 年统计，全年生猪销售实现收益 160 万元；蓝莓鲜果产值 500 万元；花卉苗木产值 50 万元；开展休闲观光收益 100 万元；1 200 亩经果林节约用化肥、农药 3 万元；同时，猪场每年可节约污水达标处理费用 2 万元（每出栏一头生猪污水处理费按 20 元计算）；每年所产沼气用于园区生产和生活可节约用能折 6 万元。合计获直接经济收入 821 万元。

（3）生态效益分析。公司基地的主要特点便是其发展过程中的循环性和生态环保性，因此其生态效益也是很显著的。

该基地每年沼气工程可产生沼肥 4 800 吨，它不仅能满足 1 200 余亩经果林和蔬菜地用肥，还能够为鱼塘鲜鱼和莲藕提供充足的养料；通过使用沼肥减少了化肥、农药和水使用量，据测算年节约灌溉用水 4 000 吨以上，减少污水 COD 排放 4.5 吨。同时由于沼肥自身经过了厌氧发酵的过程，杀灭了内含的病原菌，含有丰富氨基酸、维生素、多种微量元素等，因此使用它安全多效，可有效保护生态环境，促进有机农业发展，保障农产品生产安全。另外，从土壤现状看，经连续多年施用沼肥土壤团粒结构疏松，土壤有机质含量增加。例如，现在该基地种植的蓝莓、桑椹、柑橘以沼渣做底肥、浇灌沼液，完全不上化肥、不打农药，品质佳、口感好，价格也比一般肥料种植的提高 1~2 倍，且供不应求。同时沼气工程每年可生产沼气 6 万立方米左右，可折合 42 吨标煤，全部有效使用可减少排放 109 吨 CO_2、1 608 千克 SO_2。

第七章　养殖场粪污沼气化处理模式

第一节　模式简介

2016 年，我国大牲畜年底头数是 11 906.41 万头，牛出栏 5 110.04万头，羊出栏 30 694.60万只，家禽出栏 1 237 300.10万只，如此庞大的畜禽规模，其饲养过程必然会产生大量的畜禽排泄物，这些畜禽粪污如果不得到有效的处理，势必对我国生态环境造成严重的破坏。因此需要对规模养殖场周边的养殖场粪便和污水进行收集，通过建设适宜规模的沼气工程，对畜禽粪污进行高浓度厌氧发酵，对"三沼"产品进行综合利用，所产沼气既可以供养殖场自身用能，也可以供应周边农户，或者发电上网或提纯生物天然气，沼渣用于生产有机肥出售或无偿提供给种植业主，沼液可用于种植土地的水肥一体化系统，也可以深度处理达标排放和养殖场循环利用。

养殖场粪污沼气化处理模式的沼气工程业主主要为养殖场，这类养殖场的规模一般较大，产生的粪污量较大，同时粪污的处理难度也随之增大，因此建设的沼气工程也以大中型为主，沼气工程建设的最主要目的就是解决粪污达标排放问题。沼气工程产生的"三沼"主要被养殖场自身或周边地区消纳，沼气主要用于养殖场发电、养殖区供热和工人生活用能等自用，或者供应部分周边农户；沼渣直接出售或加工为有机肥出售，也有无偿送给种植业主的情况；沼液用于周边农田或者处理后进入养殖场再循环，或者进行达标排放。

第二节　典型案例及效益分析

一、案例 1：安徽省濉溪县五铺农场沼气工程综合利用模式

1. 模式形成背景

安徽省濉溪县五铺农场建于 1960 年，1999 年经县政府批准，以农场为母体组建

"安徽省大地种业集团"，主要从事农作物种子引进、培育、试验示范和繁殖推广，现为省级农业产业化龙头企业。农场下设 8 个农业分场、农科所、种苗公司、检验室、科技园、沼气站、机防队等十余个单位。五铺农场拥有种子研发和原种繁殖田 5 000 亩，生态循环农业科技园 2 000 亩。总员工 700 人，其中在职职工 260 人。收入来源主要为小麦原种、大田作物、种猪、蔬菜、水果等农产品，年收入 6 500 万元。

2. 项目简介

养殖猪场属于濉溪县五铺农场，年出栏生猪 5 000 头，猪饲料主要为农产品加工剩下的瘪碎麦豆和残次果蔬。五铺农场沼气工程（图 7-2-1）属于农业农村部新增拉动内需项目，建于 2009 年，2010 年投入使用。总投资 390 万元，其中央财政补助资金 130 万元，省财政配套 15 万元，县财政配套 45 万元，企业自筹 200 万元。

工艺流程：猪粪尿及冲洗水通过预处理后进入厌氧发酵罐（800 立方米），日排粪尿及冲洗水 30 立方米，发酵工艺为 CSTR，厌氧发酵后产生沼气进入储气柜（300 立方米），沼气脱硫脱水等净化处理后使用，五铺农场沼气工程内设沼液储存池。为保证沼气全年正常使用，每年 12 月到次年 2 月冬季锅炉加温。

濉溪县五铺农场沼气工程设计单位为安徽省农业工程设计院，施工单位为安徽永志环能科技有限公司。

图 7-2-1　五铺农场沼气站

沼气和沼肥用途：沼气主要用于农场职工和食堂炊事用能，集中供气 320 户；沼液用途：一是通过管道输入生态循环农业科技园，有蔬菜大棚、果园、藕池、鱼塘等（图 7-2-2）；二是采用管道或罐车运输喷浇到良繁田（图 7-2-3）；三是采用沼液喷洒车给小麦叶面喷肥，有时再加入必要的杀虫防病药剂。沼渣烘干制作有机肥，供应小麦原种生产田、设施大棚、采摘园、鱼塘、中药田。该沼气工程自 2010 年 10 月投入使用以来，一直正常使用。

沼气工程运行管理情况：五铺农场沼气工程由 3 人专人负责，每年年初，农场与管理人员签订工作目标责任书，年终进行考核，工作业绩与薪酬挂钩，平均年薪5万元，属当地中上水平，高于一般从事种养殖人员，利于稳定沼气人员队伍和调动其工作积极性。

图7-2-2　沼液输送管道

图7-2-3　抽渣车及浇灌沼液的良繁田

3. 效益分析

（1）环境效益。该养殖场未建设沼气工程前，养殖粪污直排入河塘，造成水质发黑变臭，蚊蝇滋生，污染了水源，也严重影响职工及周围群众的身心健康，建设沼气工程后，通过加强管理，不但处理了猪场粪污，也改善了环境，年产36万立方米和1万余吨沼肥，实现了零排放。

（2）生态效益。五铺农场以沼气为纽带，积极推广猪-沼-菜、猪-沼-果、猪-沼-粮等多种生态循环农业模式，大力发展生态循环农业。土地施用沼肥后，有机质大量增加，改善了土壤的团粒结构，土质明显松软，不但提高了抗旱保苗的能力，增强了土地肥力，而且有效减轻了由于原来大量施用化肥农药所造成的农产品中残留的有害物质，使产出的农产品实现有机绿色认证。初步调查施用沼肥后土壤保水率提高0.7%、有机质提高0.5%、蚯蚓单位体积（立方米）增加1条。

（3）经济效益。该沼气工程年产36万立方米，按1.5元/立方米计，年收入54万元；年产有机肥1万余吨，按80元/吨计，年收入80万元。另外，可节约化肥费用，

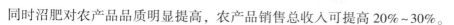

同时沼肥对农产品品质明显提高，农产品销售总收入可提高 20%~30%。

（4）社会效益。五铺农场沼气站产的沼气大部分免费提供职工使用，既提高了职工福利待遇，又密切了职工与农场关系，促进社会和谐。另外，职工利用沼气，改变了原来做饭烟熏火燎的环境，干净卫生，提高了生活质量。

五铺农场生态循环经济圈建设，实现了"九节一减二增"，即节地、节水、节肥、节药、节种、节电、节油、节煤、节粮、减少从事一线的职工、增加第二与第三产业工作岗位。从单一农业生产功能向经济、文化、旅游等功能转变，全面提高农业和农村经济整体素质和效益，走可持续发展的道路，提高农业的竞争力。

二、案例 2：安徽省歙县连大生态农业科技有限公司"猪-沼-果（花、菜、茶、粮）"模式

1. 模式形成背景

歙县连大生态农业科技有限公司位于黄山市歙县郑村镇，20 世纪 90 年代初创建，公司养殖区占地 60 亩，猪舍建筑面积 2.8 万平方米，采用现代化养殖技术和设备，从饲料生产到投喂全程自动化，是一家集"智能化生猪养殖、饲料加工、沼气发电、猕猴桃、花卉种植"为一体的现代农业科技示范园，年出栏育肥猪 1 万头。固定资产总投资5 000 万元，现有职工 20 余人。近年来，公司以"低能耗、低污染、低排放、高品质、高效益"为主攻方向，以沼气为纽带，以生态种养结合为手段，基本建成"猪-沼-果（花、菜、茶、粮）"绿色低碳循环体系。

2. 沼气工程建设、运行情况

该公司 2009 年、2015 年先后两期投资 685 万元，建成沼气厌氧发酵罐 2 200 立方米、1 000 立方米湿式储气柜及沼气净化设施（图 7-2-4），购置 180 千瓦全燃沼气发电机 3 台套（图 7-2-5），总装机 540 千瓦；配套建设了一座 5 500 立方米柔性黑膜"盖泄壶"式沼气池，作为二级发酵兼储肥；一座污水净化处理设施，处理多余污水（图 7-2-6）；正在建设一座大型以秸秆和沼渣液为主要原料的有机肥发酵生产车间（图7-2-7），设备已安装，即将投入试生产；并在全省率先配备沼气智能化监控系统的大型沼气发电工程。猪舍采用全封闭雨污分离，日处理粪污 60 吨，年产沼气 54 万立方米，主要用于发电，日发电 1 200 千瓦·时左右。2016 年全年发电达 100 万千瓦·时，产沼液肥 15 500 吨，沼渣 2 000 吨。沼气工程自建成后多年来一直保持着正常运行。

3. 沼肥的应用

为消纳沼气液肥，猪场现有 400 多亩猕猴桃园和园林花卉苗木等（图 7-2-8），全部采用地下主管道和地上管网进行沼液滴灌及水肥一体化施肥，效果良好。多余的沼肥免费提供给周边地区 1 400 亩茶菊园和葡萄基地及附近的蔬菜基地。沼渣液从大型沼气

图 7-2-4　歙县连大沼气工程主体

图 7-2-5　沼气发电机房

图 7-2-6　黑膜"盖泄壶"式二次发酵沼气和污水净化系统

厌氧发酵罐排出经固液分离沼液进入后续的黑膜"盖泄壶"式沼气池进行二次发酵并存储，进一步降解剩余有机污染物；为了确保"零污染排放"，2016 年公司又投资 437 万元新建的一套污水深度处理设施已经正式运行，用于在用肥淡季对多余的沼液和污水

图7-2-7 秸秆沼肥混合有机肥发酵生产车间

进行深度净化处理。沼液出水进入调节池，用泵提升至气浮进行渣水分离，气浮上清液出水流入曝气池好氧曝气，通过活性菌种降解污染物，处理后的水可以达到灌溉水排放标准用于冲洗猪舍等。经固液分离的沼渣进入叠螺机压片后做基肥还田利用。正在建设的生物垫料发酵床有机肥生产车间已进入设备调试阶段，正式投产运行后，养殖场粪污可全部有效利用实现零排放。

图7-2-8 采取管道自动施用沼液的猕猴桃园

4. 效益分析

（1）社会效益。连大生态农业科技有限公司养殖、种植基地的建设，多年来为社会提供了大量农副产品，丰富了城乡居民的菜篮子。仅2016年间，该基地共出栏优质肉猪1万头，猕猴桃280吨。在直接向市场提供畜产品的同时，还为社会提供饲料200吨，为周边地区的养殖业发展提供了良好的服务。

在2009年沼气工程建成之前，仅养殖肉猪，且生产规模较小。沼气工程建成后，养猪数量和质量逐年提高。尤其是2015年第二期沼气工程建成运行后，解决了因养殖规模扩大带来的环境恶化问题，生产规模显著上升。据 2016 年统计，沼气工程年产沼气 54 万立方米，发电 100 万千瓦·时。据测算，全年节约生产生活用煤 20 吨，节约购电 100 万千瓦·时。沼液、沼渣作为有机肥料种植猕猴桃、花卉等，每年节约化肥料总计约 10 吨。同时，随着养殖、种植生产规模的不断扩大，公司吸纳本村的劳动力逐年增加。解决了部分社会劳动力的就业问题。另外，每年还无偿向周围茶、菊、菜、粮种植户提供大量有机沼肥，减少了化肥、农药施用，带动了周边生态农业的发展，得到当地农民的普遍称赞和欢迎。

（2）经济效益。沼气工程的经济效益主要体现在它对公司养殖业、种植业、加工业等经济效益的带动上。自 2010 年沼气工程建成以来，该公司经济效益逐年增长，据 2016 年底公司统计，全年增收节支总收益为：926 万元。其中：①养猪场每年节约污水处理费用 14 万元（每出栏一头生猪污水处理费按 14 元计算）；②现代化养猪场生产每年节约用电 100 万千瓦·时，减少开支 50 万元；③施用沼肥，种植 400 亩猕猴桃节约化肥、农药 1 万元；④猕猴桃总产达到 280 吨，每千克平均售价 12 元，合计 337 万元；⑤年生产销售生物肥可实现收益 525 万元（17 500 吨×300 元/吨）。比 2010 年的产值和利润分别增长 200% 和 60%。

（3）生态效益。歙县连大生态农业科技有限公司以养殖业为基础，沼气工程为纽带，以种植名优农副产品为抓手，开展资源多层次循环利用，不仅改善了该公司养殖业生产环境，更改善了周边农村生态环境，取得了显著的生态效益，并有力促进了歙县郑村镇现代生态农业产业化的建设步伐。

该公司每年沼气工程可产生沼肥 17 500 吨，它不仅能满足本公司 400 余亩经果林和蔬菜地用肥，还能够为周边农户 1 400 亩蔬菜基地、茶菊园等免费提供沼液肥；通过使用沼肥减少了化肥、农药和水使用量，据测算年节约灌溉用水 15 500 吨以上，减少污水 COD 排放 16 吨左右。同时由于沼肥自身经过了厌氧发酵的过程，杀灭了内含的病原菌，含有丰富氨基酸、维生素、多种微量元素等。因此，使用它安全多效，可有效保护生态环境，促进有机农业发展，保障农产品生产安全。另外，从土壤现状看，通过多年施用沼肥改善了土壤团粒结构，增加土壤有机质含量，为生产绿色、有机果蔬、茶叶、粮食等产品打下基础。例如，现在该公司种植的猕猴桃以沼渣做底肥、浇灌沼液，完全不上化肥、不打农药，品质佳、口感好，价格也比一般肥料种植的提高 1 倍，且供不应求。总之，通过施用沼肥减少了化肥、农药的施用量，大大减轻了现代常规农业因获得高产稳产依靠大量化肥、农药投入而造成的环境污染。

同时，沼气工程每年可生产沼气 54 万立方米左右，可折合 378 吨标煤，发电 100 万千瓦·时以上，可减少 CO_2 排放 990 吨、SO_2 排放 14.5 吨。

第八章　养殖场沼气高值化利用模式

第一节　模式简介

近年来，国家发展改革委会同农业农村部大力推进畜禽养殖废弃物处理和资源化利用，累计安排中央预算内投资 600 多亿元，重点支持规模养殖场标准化改造、农村沼气工程建设。截至 2017 年，通过中央投资有效带动地方、企业自有资金，累计改造养殖场 7 万多个，建设中小型沼气工程 10 万多个、大型和特大型沼气工程 6 700 多处，有效提高了规模养殖场的粪污处理能力和资源化利用水平。另外，在有机肥生产补贴方面也有诸多优惠政策。在这些优惠政策的大力支持下，沼气工程高值化利用产业成为新能源领域中的一支新生力量，正在各地异军突起，推动着绿色环保产业快速发展。国家将进一步加大对养殖场大中型沼气的支持力度，提高大中型沼气工程技术水平，不断提高产气率、向农户供气率和沼渣沼液利用率。同时，借鉴国外经验，加大对沼气提纯压缩、管道输送和罐装使用的研发力度，拓展沼气用途。

养殖场沼气高值化利用模式的业主主要为养殖场，沼气工程规模为大中型或特大型，沼气产气量大，且稳定，该模式产生的沼气进行商业化、高值化利用，通过对沼气进行净化、纯化，生产生物天然气和压缩天然气，用作罐装天然气和车用天然气，另外沼气还可以发电上网或进行供暖使用。沼渣出售或加工成有机肥出售，沼液也可出售或加工为液肥出售。

第二节 典型案例及效益分析

一、案例1：贵州省凤冈县"牛-沼-茶（草）"生态循环模式

1. 模式形成背景

（1）自然条件、社会经济状况。凤冈县位于贵州东北部，地处大娄山南麓、乌江北岸，东临德江、思南，南抵余庆、石阡，西与湄潭接壤，北连务川、正安，系革命老区遵义的东大门，面积1 885.09平方千米，辖13镇1乡86个村（社区），总人口44万人。冬无严寒，夏无酷暑，生态优美，气候宜人，平均海拔720米，年均气温15.2℃，森林覆盖率65%。区位优势明显，距省会贵阳220千米，距名城遵义86千米，距新舟机场72千米，326国道、杭瑞高速和即将建设的昭黔铁路横贯县境，乌江四级黄金水道（河闪渡码头）即将建成。

凤冈全县年生产总值60.15亿元，全县完成财政总收入6.17亿元，人均GDP达到19 399元，农村居民人均可支配收入8 551元。

（2）农业生产特点与作物种植结构。凤冈是一个农业大县，主要农作物有茶叶、水稻、玉米、烤烟、辣椒、花生等，全县茶园面积达50万亩，投产茶园27万亩，其中获得有机论证面积4.47万亩，通过无公害论证面积27.56万亩。烤烟产业实现"两头工厂化、全程机械化、烟农职业化"发展。粮食总产量稳定在22万吨以上，重获全国产粮大县称号。蔬菜、莲藕、花卉苗木、畜禽水产等特色种养业初具规模。锌硒茶是凤冈重点产业之一，也是贵州三大名茶之一，先后荣获45个国家级金奖，并出口欧盟、美国、加拿大等国家和地区。近年来，相继荣获了"中国富锌富硒有机茶之乡""中国生态旅游百强县""全国商品粮基地县""全国造林绿化百佳县""中国有机食品生产示范基地""中国名茶之乡""全国农业综合开发县""全国无公害生猪养殖示范县""全国农村能源建设先进县""全国生态建设示范县"等国家级荣誉和称号。

（3）南方"四位一体"模式的形成。2003年，我国第一个"猪-沼-厕-菜"四位一体南方模式在我县诞生，得到了时任国务院副总理回良玉的高度评价和赞赏。随着我县茶叶产业的发展和市场的需求，以沼气为纽带的"畜-沼-茶"生态循环农业模式在我县得到了广泛推广应用，先后建成了生态农业循环模式示范点38个，示范面积达12万亩，辐射带动面积40余万亩；重点培育了以朝阳茶业有限公司为样板的生态循环农业模式核心示范基地10个，全面开展了沼肥在粮食、茶叶、蔬菜、水果生产上的推广运用试验课题研究46个，探索出了"畜-沼-茶（粮、蔬、果）"生态农业循环模式新

经验、新方法，为我县有机农产品生产，打造优质有机茶品牌，开辟了一条适合山区生产的独特经验。

朝阳茶业有限公司自从 2009 年建成沼气工程以后，运用沼肥在茶叶生产进行一系列试验示范，取得了丰富的经验，特别是 2014 年以来，更加充分利用自身茶园自然生态环境优势，打造出了高标准的具有贵州山区特色的"牛-沼-茶"生态循环农业模式示范点，取得了较好的经济、社会、生态效益。

2. 沼气工程建设、运行情况

贵州省凤冈县朝阳茶业有限公司始建于 2007 年 10 月，位于花坪镇鱼跳村上石门组，离县城 10 千米，距杭瑞高速 6 千米，所在位置交通方便，公司资产总额 4 800 万元，在职职工 52 人，公司建筑面积 3 900 平方米，建有 500 立方米（图 8-2-1）、300立方米、200 立方米沼气池各一座，养殖场圈舍面积 8 000 平方米，养殖牛存栏 1 000 余头，有茶园面积 1 097 亩，其中有机茶园认证 747 亩，在茶园中安装了沼液喷灌管网设施 300 多亩，淋灌管网设施 600 多亩，沼液输送管网全面覆盖了整个茶园，形成了"牛-沼-茶"生态循环农业模式（图 8-2-2）。

图 8-2-1　标准养殖场及 500 立方米沼气工程

3. 效益分析

（1）经济效益。该公司通过运用形成"牛-沼-茶"生态循环农业模式，经测算：每年总计节本增收 1 016 万元。其中利用沼气加工茶叶、生活用节约用电支出 8 万多元，充分利用沼肥节约用肥支出 60 万元以上，运用自动喷灌设施节约施肥工资 8 万多元，利用沼肥施茶增产增质 550 多万元，促进养殖业的发展，增加养牛收入 200 万元，沼肥进入市场化销售获得销售收入 100 万元，茶行中套种蘑菇获得收入 90 万元。

（2）社会效益。通过推广以沼气为纽带的生态循环模式，有效地解决了剩余劳力的转移和消化，激发了农民学科学、用科学，将实用技术转化为现实生产力的积极性，

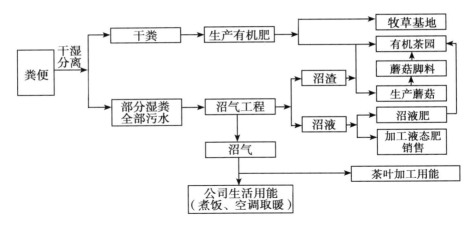

图 8-2-2 "牛-沼-茶"生态循环模式示意图

增强了农民的科技意识，使农业生产高效化、无害化，提高了农产品产量和质量，增强了全民农产品质量安全意识，解决了当地农村劳动力就业问题，为当地农民致富提供了一个就业平台，促进了我县养牛业与茶叶产业的科学发展，以及养殖废弃物的利用，促进了农业资源的可持续发展，打造了有机生态的现代农业品牌，实现了区域性的共同致富。

（3）生态效益。切断了养殖粪便有毒有害病菌的生长周期，解决了养殖场粪便带来的污染环境问题，实现了粪污各项指标达标排放或零排放，有效地保护了周边生态环境；有效改善了茶园土壤环境，增加土壤有机质含量，提高土壤肥力，杜绝了化肥农药的施用，保障了茶叶品质安全；有力地促进了凤冈县茶叶产业、养殖业的发展，推动了社会主义新农村建设。

二、案例 2：河北省安平县京安生物能源科技股份有限公司"热、电、气、肥"联产循环模式

1. 概况

河北京安生物能源科技股份有限公司，位于河北衡水安平县，始创于 2013 年，总资产 1.8 亿元，以农牧业废弃物资源化利用和以沼气为基础的热电气肥联产享誉华北，是河北省沼气循环生态农业工程技术中心发起单位、国家农业废弃物循环利用创新联盟常务理事单位、国家畜禽养殖废弃物资源化处理科技创新联盟副理事长单位。

河北京安生物能源科技股份有限公司把解决秸秆焚烧和畜禽养殖废弃物处理作为企业可持续发展的重大课题，以沼气和天然气为主要处理方向，以当地就近农业能源和农用有机肥为主要使用方向，大力推进农业废弃物的全量化利用，配合化肥减量化行动，推广生物有机肥，有效解决了农牧业废弃物治理难题。建设了污水处理厂、沼气发电

厂、生物质热电厂、有机肥厂，初步形成了 3 种可复制可推广的技术路线。

一是畜禽废弃物资源化利用。在全国大力推行粪污制沼的环境下，京安股份积极开展科研攻关，采取具有自主知识产权的低浓度有机废水高效厌氧发酵制取沼气专利技术，解决了沼气生产波动大的难题，实现了全天候持续稳定产气，成为北方第一家利用畜禽粪污并网发电的沼气发电企业。启动了生物天然气提纯项目，实现了沼气入户、车用加气、沼渣沼液生产有机肥等多元化利用。探索建立了粪污收储运机制，与全县养殖场户签订粪污收购协议，处理全县养殖场户的粪污。京安公司配建了病死猪无害化处理站，病死猪先经无害化处理后再转运到有机肥厂生产有机肥，实现了病死猪全部无害化处理、全部资源化利用。

二是农林废弃物能源化利用。生物质热电厂引进世界先进热电联产技术，通过燃烧农作物秸秆等生物质，解决居民冬季取暖集中供热需求。探索建立"公司+合作社"秸秆机械化收集体系。带动 5 000 户农民参与秸秆收集、加工、储存、运输、销售网络，全县秸秆综合利用率达到 96% 以上，新增产值 1.2 亿元，成为农民收入新的增长点。

三是污水处理、中水利用。污水处理厂采用政府购买服务、第三方运营的 PPP 模式，利用微生物回流技术，日处理污水 5 万吨，将养殖场和城镇生活污水脱氮除磷、降解 COD，处理后达到国家一级 A 类处理标准，应用于园林灌溉、滨河公园水源补充和工业用水，对缓解水资源短缺、减少地下水开采发挥了重要作用。

2. "热、电、气、肥"联产循环模式

河北京安生物能源科技股份有限公司沼气发电项目投资 9 633 万元，利用生猪养殖场猪粪污制沼发电并网；生物天然气项目（图 8-2-3）投资 2 亿元，以周边中小猪场粪污和当地废弃玉米秸秆为原料，年提纯生物天然气 700 万立方米供应周边 2 万户居民炊用取暖和 CNG 加气站；生物质直燃发电厂投资 12 亿元以废弃秸秆、废弃果树枝等为原料，实现发电并网和县城集中供热，年利用废弃秸秆 30 万吨，发电 2.4 亿度。以上 3 个项目产生的废弃物沼渣沼液及草木灰通过有机肥厂加工成有机肥产品，供应周边县市的大棚蔬菜、水果、中药材、花卉及粮食作物，形成完整的种养循环生态产业链（图 8-2-4）第一沼气国际公司合资的京安瑞能公司对外开展沼气综合利用项目技术咨询、施工运营、工艺调试、项目投资等，为国内的农牧业废弃物资源化治理提供专业服务。

京安股份公司以先进的废弃物资源化利用技术为依托，通过沼气发电项目、生物天然气项目及热电联产项目，对京安养殖场及安平县域内畜禽粪污、废弃秸秆等农牧业废弃物进行综合治理，整县推进，通过发酵制沼、沼气发电，生物质直燃发电（图 8-2-5），城市集中供热，有机肥生产等产业，形成了完整的"热、电、气、肥"联产跨县循环模式。"热、电、气、肥"联产跨县循环模式是我们多年来在不断的探索与

图 8-2-3　沼气工程

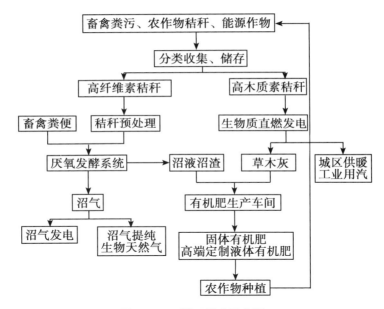

图 8-2-4　循环模式示意图

实践中总结出来，"三沼"综合利用率高，有较强的可操作性，它的适用范围也较广，只要种植业或养殖业发达的地区都可实施，我们希望为农牧业废弃物的资源化治理蹚出一条新路子，为推进种养循环发展、探索中国农业发展的新模式做出积极的贡献。

3. 效益分析

通过这种模式，可降低养殖成本，畜禽粪便制作有机肥就近入田；降低种植成本，项目所生产有机肥用于农田替代化肥，有利于改善农作物生长环境，实现绿色耕种，提高农作物品质，生物燃气可解决 3 万户的生活用能，实现节能减排，促进农作物增效，

图 8-2-5　生物质直燃发电

农民增收，增加就业；养殖粪污、COD 和氨氮排放都得到了有效控制，有效防止土壤板结，改善种植环境，建立种养结合机制。

（1）经济效益。河北安平通过大型沼气工程利用生猪养殖场猪粪污制沼发电并网；生物天然气项目以周边中小猪场粪污和当地废弃玉米秸秆为原料，年提纯生物天然气700 万立方米供应周边 2 万户居民炊用取暖和 CNG 加气站；生物质直燃发电厂以废弃秸秆、废弃果树枝等为原料，实现发电并网和县城集中供热，年利用废弃秸秆 30 万吨，发电 2.4 亿度。生产的生物天然气用于相当于发电、生活用气和供暖，相当于年节约标煤 4 998吨，年减排 CO_2 量 1.26 万吨，减排 SO_2 量 187.6 吨。

（2）生态效益。通过这种模式，可降低养殖成本，畜禽粪便制作有机肥就近入田；降低种植成本，项目所生产有机肥用于农田替代化肥，有利于改善农作物生长环境，实现绿色耕种，提高农作物品质，生物燃气可解决 3 万户的生活用能，实现的节能减排，促进农作物增效，农民增收，增加就业；养殖粪污、COD 和氨氮排放都得到了有效控制，有效防止土壤板结，改善种植环境，建立种养结合机制。

（3）社会效益。国务院副总理汪洋在全国畜禽养殖废弃物资源化利用工作会上对以京安股份为代表的"安平模式"给予充分肯定以及推广建议："河北安平通过大型沼气工程这样的纽带推进畜禽粪污能源化肥料化利用，不仅大幅提高了全县畜禽养殖废弃物综合利用率，还培育出了电、气、热、肥一体资源化利用产业，安平的做法不错，笔者认为除了东北这一带以外，西北基础条件好的地区也可以做"。该公司的这种模式不仅有效改善了周围环境，而且还将废弃物得以循环利用，资源利用，为当地居民高质量生活提供了有力保障，还为农民就业敞开了大门。

第九章 沼气工程集中供气供暖模式

第一节 模式简介

我国农村沼气建设近几年呈现快速发展势头，畜禽粪污能源化、资源化处理以及农作物秸秆综合利用也不断取得新的成绩。特别是对季节性秸秆综合利用的技术攻关，以及秸秆沼气工程试点示范的推进，为丰富沼气工程发酵原料来源、拓展农村清洁能源渠道、推动农村生态环境改善开辟了新的途径。作为资源节约型、环境友好型社会建设的重要举措，沼气集中供气供暖工程多以畜禽粪污和农作物秸秆为发酵原料，其在巩固农村沼气建设成果、推动循环农业发展和促进农民增收等方面发挥着越来越重要的作用。伴随着对沼气集中供气供暖工程的认识的提高，以及相关工艺技术和运营体制机制的不断创新，针对我国不同资源禀赋、不同发酵原料、不同工艺、不同规模的秸秆沼气集中供气供暖工程模式将不断涌现，进而推动我国农村清洁能源的建设，助力乡村振兴。

沼气工程集中供气供暖模式的业主为养殖场、村委会、沼气技工或者第三方的公司等多类主题。沼气工程的发酵原料主要为养殖场粪污和农作物秸秆，规模以中小型为主，也有极少的大型沼气工程，如江西新余罗坊镇集中供气 5 000 户。沼气工程以产气为主，沼气大部分用于周边农户集中供气生产生活用能，沼渣沼液被周边农户种植消纳，或者生产有机肥出售。

第二节 典型案例及效益分析

一、案例 1：贵州省三穗县台烈镇颇洞村集中供气工程

1. 模式形成背景

颇洞村地处三穗县台烈镇东北部，距县城 10 千米，由原来寨坝村、寨塘村、颇洞

村 3 个村合并而成，昆沪高速公路和 320 国穿村而过。国土面积 20.3 平方千米，耕地面积 4 137.6 亩，农户 1 259 户、共 5 053 人，13 个自然寨 31 个村民小组。

颇洞村处于农业园区核心区，近年来，三穗现代农业园区建设依托各种项目的实施，园区面貌得到重大改观，各项事业蒸蒸日上。

（1）产业化结构步伐明显加快。仅颇洞村就有施工队 12 支，民营企业 29 家。三穗县现代农业园区入驻企业 8 家，发展农民专业合作社 10 家，社员 1 100 多户 4 000 余人。园区规划面积 3.3 万亩，已流转入股土地 1 700 余亩，现园区内有蔬菜基地 800 亩，食用菌基地 10 亩，蓝莓育苗基地 30 亩、蓝莓丰产示范种植基地 280 亩，花卉、绿化苗木种植基地 520 亩，精品水果基地 120 亩、生猪养殖基地 1 000 余头，农业科研基地 1 个。

（2）农村基础设施不断完善。目前，园区已累计投入各类项目资金 3.03 亿元，建成通村公路（含机耕道）57.6 千米，村组道路硬化 25.3 千米；完成中低产田改造 1.02 万亩、高标准农田建设 800 亩、土地复垦 280 亩；完成原寨坝村办公楼、颇洞中心村办公楼、园区大门及沙盘建设；实施园区周边村寨房屋风貌整治及环境绿化工程；建成大棚 320 个 8.2 万平方米，冷库 1 个 1 089 立方米，蔬菜交易市场 100 亩；建成生态农庄 3 个并投入运营；完成三穗鸭交易市场 1 个、建成沼气集中供气站 1 个，生活污水处理工程 2 处。

（3）农村经济跃上新台阶。2015 年，农业园区实现产值 6 500 万元。例如，农峰蔬果专业合作社是颇洞村党支部牵头组建的"党社联建"专业合作社，2015 年股民分红 330 万元，人均可支配收入达 10 600 元，同时村级集体经济积累突破 185 万元。实现省委、省政府提出的"双超"村创建目标。

2. 沼气工程建设、运行情况

园区内有较大规模养殖场一处，2014 年建成 100 立方米沼气池一座，2015 年建设 400 立方米沼气集中供气站一个，养殖场的污水通过干湿分离，经发酵产生的沼液原来是通过抽渣车运送到田间种植，现项目实施拟将沼液通过修建高位池、沼液释池和安装输送管网输送沼肥到田间，并在田间修建贮肥池，项目建成后园区所有蔬菜基地，花卉、绿化苗木种植基地、精品水果基地、农业科研基地将得到沼肥浇灌，使附近养殖场沼气站的畜禽废弃物得到有效循环利用。

（1）项目建设内容及规模。工程建设内容：6 立方米进料调节池，20 立方米酸化调节池，400 立方米厌氧发酵罐基础及配套设施（图 9-2-1），150 立方米贮气柜水封池，50 平方米综合用房，300 立方米稳定塘，Φ1.2 阀门井一座，沼气站内道路（1.5 米宽）、绿化（植树、撒草种）、围墙（高速路护栏网），80 户沼气集中供气主管及支管道。

（2）安装工程内容。400 立方米 CSTR 发酵罐及配套、120 立方米钢制气罩、10 万大卡沼气锅炉一台、脱硫塔二台、气水分离器一台、阻火器一台、各类泵一套、搅拌装置一套、站内管道及阀门一套、沼气流量计一台、电子温度计一个、电气系统及防雷设施一套、IC卡户用流量表80个、单眼炉具80台。

（3）项目的投资总额。省级财政资金130万元，地方自筹9万元。

（4）沼气用途。所产沼气主要用于农户炊事用能，集中供气66户及3家农家乐。沼液沼渣用途：就近用于三穗县农峰蔬果专业合作社750亩蔬菜水果用地的灌溉，年用量600吨，提高叶类蔬菜的生长及农产品的品质，促使农产品售价提高，年收入增加30万元。

图9-2-1　三穗县台烈镇颇洞村沼气集中供气工程

3. 效益分析

（1）生态效益。该项目的建成，使紧邻的规模养殖场1300头左右生猪的粪污得到集中处理，有效保护了环境，发酵产生的沼气集中供应颇洞村1~5组66户农户，3家农家乐日常炊事用气，气量充足，使用方便，干净整洁，实行IC卡打表，管理规范，实现了村级经济积累和农户的双赢。并且在附近蔬果用地上施用沼肥后，使土壤的有机质含量得到了提高，而且土壤的保水能力和肥力得到增强，并有效地减轻了施用化肥的不利因素。

（2）社会效益。充分利用生态农业园的有利条件，进行沼肥种菜、沼肥种辣椒、沼肥种玉米、沼肥种黄瓜等示范，积极引导和指导蔬菜种植大户利用园区现有的喷灌和滴灌系统，把沼液普遍应用于各种蔬菜的种植中，现园区的种植大户已经习惯了用沼肥种菜。沼气集中供气站生产的沼肥基本供应周边的蔬菜种植户，在减少化肥施用量的同时，蔬菜的品质得到了很大的提高。

（3）经济效益。

月总收益：前处理月收入500元（5元/袋）+卖气月收入3645元（45元/户）+沼

液月收入 720 元（2 元/升）= 4 865 元；

月净收入：月总收益 4 865 元−人工工资 1 000 元−电力消耗 500 元 = 3 365 元；

年净收入：3 365 元×12 个月 = 40 380 元。

4. 技术评价

（1）该模式优点。通过该工程集中供气，使周边农户可利用沼气作为生活用能，既可以较其他能源节省资金，更能有效地改善当地生态环境。三穗县颇洞生态养殖场产生的粪污及冲洗水进入厌氧发酵池，厌氧发酵后产生的沼气用于农户生活用能，沼液通过管道或抽渣车用于蔬菜、果树等。沼渣作为有机肥施用蔬菜大棚、果园等。沼肥在蔬菜上的应用能提高蔬菜的抗病能力，能促进茄科作物的提前开花和提早成熟，促进叶类蔬菜的生长，提高蔬菜的品质。同时经过沼气工程处理畜禽粪污，避免了将其直接排放到环境中造成的环境污染，以及滋生蚊虫苍蝇等害虫，为居民带来病害。

能促进生态循环农业可持续发展，养殖场选址科学，附近就有农业合作社，并有足够的土地来消纳沼渣沼液。养殖场粪污处理在缺少土地消纳的情况下，尽量采用干清粪，尽量节约养殖场冲洗的水量，降低污水浓度，并采用沼气发酵，充分利用周边的农田和耕地，发展种养结合型循环农业。

（2）推广的必要性。目前，沼气工程亟待在我国农村进行推广和应用，农村沼气的建设能够缓解长期在农村地区的能源短缺和环境污染的问题，对提高农民的生活水平和生活质量起到了积极的促进作用。

村级沼气集中供气工程的快速发展，在改善农村生活条件，促进农业发展方式转变，推进农业农村节能减排及保护生态环境等方面，发挥了重要作用。

我国是农业大国，农村地区承担着全国人口的物质生活来源，随之而来的是土地被过度的利用，如果畜禽粪污得不到合理的处理安置，并且秸秆等废弃物就肆意焚烧，所以农村环境问题越来越严峻，农业可持续发展就越来越必要。农村可再生能源的有效开发和农业废弃物的有效处理，是村级沼气集中供气工程协调发展的优势体现。

沼气属于二次能源，并且是可再生能源。是一种清洁能源，沼气可以代替煤炭等农村用能，能有效地减少排放二氧化碳。通过建设沼气工程来处理和利用畜禽粪污、农业废弃物，不仅解决了农村的环境污染问题，更加能开发农村的可再生能源，从而推动发展生态循环农业。

另外，沼气工程可通过利用畜禽粪污和农业废弃物生产沼气和沼肥，有效地推进农业生产从主要依靠化肥，向增施有机肥转变；农民的炊事取暖用能，从主要依靠秸秆、薪柴，向沼气这种生态能源转变，既改变了传统的粪便利用方式和过量施用农药及化肥的农业增长方式，也有效地节约了水、肥、药等农业生产资源，更减少了环境污染。

（3）推广的可行性。我国沼气工程的厌氧消化成套技术较为发达，在山区因地制宜地建设村级沼气集中供气工程也比较符合我国国情，并且沼气有一定的群众基础，获得了广泛的赞同和支持。

这种村级沼气集中供气工程既有效配置了当地资源，又提高了经济效率，从宏观经济效益和社会效益来看更具有推广价值，同时国家及政府对沼气建设重视，资金有保障，技术和市场的创新空间大，优势明显，发展前景更为广阔，为发展低碳经济、节能减排做出了贡献。

二、案例 2：黑龙江省龙能伟业环境科技股份有限公司"龙能模式"

1. 模式形成背景

黑龙江龙能伟业环境科技股份有限公司是一家以生物质能源产业为核心，主要围绕农村秸秆和生活垃圾的能源化利用的科技创新型企业。自 2010 年成立以来，该公司根据寒区农村能源发展和农业生产的实际情况，因地制宜地探索出"生物质气、热、电联产"模式（本文简称龙能模式），为农村地区提供生物天然气、电、热等清洁能源产品，提高农村用能品质、改善农村用能结构的同时，实现区域农作物秸秆、畜禽粪便以及生活垃圾的循环、高效利用。

龙能模式分别由车库式干法生产沼气项目（图 9-2-2）、全混式湿法生产沼气项目和直燃发电并网项目三个子项目组成。子项目一的原料为有机垃圾，产品为沼气；子项目二的原料为农作物秸秆和禽畜粪便，产品为沼气；子项目三的原料为无机垃圾和沼渣，产品为电和热，热能除冬季供暖外，还可用于沼气发酵增温。该公司在生产原料的收集方面引入了政府特许经营方式并已在黑龙江省的多个县（市）取得了城市垃圾处理、供热和燃气特许经营权，投资建设了多处自营汽车加气站，还相继与哈尔滨中庆燃气有限责任公司、中国奥德燃气集团实业有限公司签署合作协议，形成了完善的产品销售网络，为原料供应和产品销售提供了坚实的保障。

2. 沼气工程建设和运行情况

至 2016 年，该公司在黑龙江省的宾县、通河县、尚志市等对该模式进行了推广，今后还将在木兰县、桦川县、肇东市、富锦市等地推广建设该项目模式。以通河县龙能生物质气热电联产项目为例，该项目总投资 1.37 亿元，用于办公、生产、消防等设施和设备的建设和购置，包括成车库式厌氧发酵仓 3 000 立方米、CSTR 发酵罐 6 000 立方米，日产沼气 1.5 万立方米。项目还配备 1×200 吨/日垃圾焚烧锅炉和 3 兆瓦抽凝式汽轮发电机组 1 台。

该县政府将干线公路两侧 20 万亩耕地作为该公司的原料基地，由该公司在项目区内的养殖场投放粪污收集池，收集秸秆和禽畜粪便等发酵原料。农作物秸秆、禽畜粪便以及生活垃圾，经收集分选后送至不同的处理单元：无机物送至填埋场进行安全填埋，

图 9-2-2　车库式沼气发酵间

农作物秸秆经黄贮后与禽畜粪便、车库型发酵仓产生的渗滤液送至 CSTR 发酵罐，CSTR 发酵罐产生的沼渣与生活垃圾中的有机物送入车库型发酵仓；CSTR 发酵罐与车库型发酵仓产生的沼气经提纯后制成生物天然气，通过燃气管网供居民使用；沼液回流作为车库发酵仓的喷淋液；车库型发酵仓产生的沼渣经干化后，与生活垃圾中分选出的可燃物混合制成用于直燃发电的垃圾衍生燃料（RDF）。直燃产生的电接入国家电网，发电余热除用于沼气发酵增温外，还可为周边居民供热（图 9-2-3）。

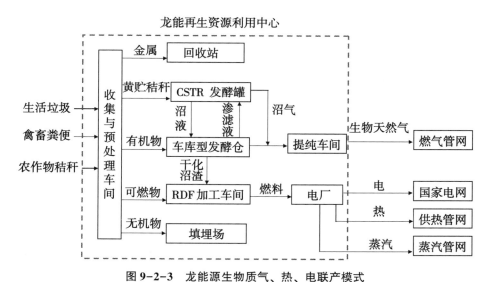

图 9-2-3　龙能源生物质气、热、电联产模式

3. 效益分析

该项目利用龙能模式可每年处理 2.67 万吨的农作物秸秆、0.53 万吨的禽畜粪便和 7.3 万吨的生活垃圾，年产 420 万立方米的生物天然气、年供热 20 万平方米、年发电

2 520万千瓦·时、供汽3万蒸吨。项目达产后可实现年销售收入4 380万元，年利润总额2 200余万元，可在4.7年内完成投资回收。

龙能模式在利用秸秆、粪便和生活垃圾生产清洁的可再生能源的同时，实现了对城镇和农村环境的治理，实现了农业废弃物和生活垃圾的无害化、资源化、减量化处理，缓解了项目所在区域的能源供需矛盾，改善了农村的用能结构、提升了居民的用能品质，具有良好的社会效益和环境效益。

三、案例3：江西新余沼气工程集中供气技术模式

1. 模式形成背景

农业废弃物是农业生产和再生产链环中资源投入与产出在物质和能量上的差额，是资源利用过程中产生的物质能量流失份额。据报道，我国每年种植业有10亿吨左右的废弃物（秸秆、壳蔓），养殖业畜禽粪便300万吨左右未能很好地利用，大量的秸秆被简单地烧掉，严重污染大气环境；畜禽粪便等有机废液不经妥善处理直接排入水体，造成严重的地下水体和地表水系的污染等。我国每年因各类疾病引起的猪的死亡率在8%~12%，畜禽因病死亡后尸体能够进行有效无害化处理的比例不足20%。江西省在新余市罗坊镇建立农业废弃物资源化利用示范基地，创新了多种类农业废弃物混合发酵、沼气集中供气的技术与管理实践，形成了农业废弃物混合发酵、大型沼气工程技术、燃气输配体系技术、安全运营网络远程监控及预警体系等多项技术集成，及规模集中供气沼气工程实用技术模式。

2. 沼气工程建设和运行情况

为了解决区域农业有机废弃物污染问题，优化改善农村能源结构，江西省建立了多处以规模集中供气沼气工程为纽带，以区域农业废弃物资源化利用、新农村沼气利用、沼液沼渣综合利用为核心的区域生态循环农业示范。2013年，在新余市罗坊镇院前村建设江西首个大型集中供气沼气工程项目，建成首个区域农业废弃物资源化利用示范基地。罗坊镇位于新余市东部，年总出栏生猪达18万头，有大量的畜禽粪便；耕地面积10万亩、山地果园11万亩，水稻、蜜橘全国有名。

该项目一期建设一级CSTR厌氧发酵罐2座，有效容积3 920立方米，二级一体化CSTR发酵罐1座，有效容积1 700立方米，单座储气膜容积1 080立方米，高压沼气储气柜3座，储气总容积1 920立方米；混合原料预处理系统1套，包括秸秆水解酸化系统、粪污匀浆加热系统；后处理系统一套，包括固液分离系统1套，出料池，沼液储存池，配套固肥加工生产线一条；按城市燃气管网标准，建设沼气供户管网系统，一期已供气3 000户；日产沼气能力4 100立方米，年处理有机废弃物约12 390吨，2014年12月建成试运行(图9-2-4)。

图 9-2-4　新余罗坊大型集中供气沼气工程

（1）原料收集和预处理单元。项目根据区域内畜禽粪便、病死畜禽、农作物秸秆等不同原料的特点，建立了不同的收集系统。在规模养殖场统一建设粪便收集平台，基地定期将畜禽粪便运回，去除杂质进入匀浆池；死亡禽畜由统一建设的冷库暂存，基地定期将死亡畜禽运回，经过破碎和高温蒸煮消毒处理后进入匀浆池混合调配；水稻收割时秸秆由收割机直接打捆运回堆储，秸秆经过破碎后，先进入水解酸化池酸化后进入匀浆池。

（2）沼气发酵生产单元。经过预处理后的物料预混后，通过螺杆泵输送至一级CSTR 反应器；反应器内使用立式搅拌器进行搅拌，保证物料浓度和温度的均匀；一级CSTR 出料溢流至二级 CSTR 发酵罐进行二次发酵，以延长发酵滞留时间，有效增加沼气产量；设置自动温控沼气热水锅炉供热中心一座，以保证厌氧发酵罐温度相对恒定。

（3）沼气净化及输配单元。发酵罐产生的沼气集中在二级发酵罐顶部的储气膜内，经脱硫和脱水处理后，增压储存干式高压储气罐中，然后经调压通过中低压输气管网，输送到居民区，再次调整为常压后，入户供给周边居民做生活用气，剩余沼气供给基地沼气热水锅炉、发电上网及供基地病死猪处理和有机肥生产用电。

（4）沼液沼渣加工利用单元。发酵后的料液经固液分离后，沼渣用于生产固态有机肥；分离后的沼液部分回流用做预处理的稀释水，剩余部分生产液态有机肥。工艺流程如图 9-2-5 所示。

3. 项目模式特点

（1）工程运行采用 GPRS+PLC 沼气远程监控。系统对工程设备的正常运行和事故状态下的生产过程进行实时监控，以综合管理软件为核心，结合嵌入式视频服务器，实现了基于网络的点对点、点对多点、多点对多点的远程实时现场监视、远程遥控摄像机以及录像、报警处理等，通过兼容模拟视频设备实现模拟视频系统与数字视频系统的数

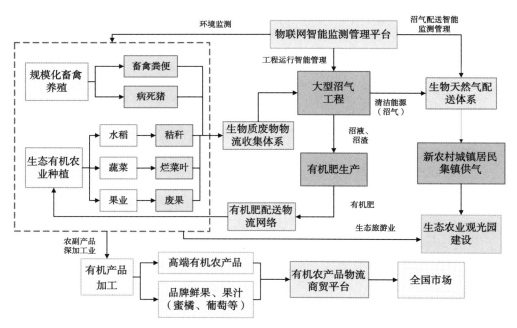

图 9-2-5　罗坊镇规模集中供气沼气工程工艺流程

字化统一管理，操作员可以在室内进行集中管理，可实现车间无人值守。另外，服务器将采集来的数据进行各种处理，建立相应的实时数据库和历史数据库，经网络相应各工作站的各种服务要求，并接收和响应操作员的各类操作指令。

（2）用气服务采用智能化管理模式。按照"集中供气、用气收费、专人管理"的管理模式，每位沼气农户建立档案，设立信息登记制度，为用户提供开卡充值、维修等业务；为 3 000 名用户统一安装了智能沼气流量计量表，先预存费用、后用气，省去了上门抄表和催缴费用的麻烦；建立沼气服务网点，对用户进行一年四次免费上门巡查服务，平时在接到沼气用户的报修电话后，将会安排工作人员在 2~3 日内上门解决，每次服务必须在沼气维修服务卡上记录。

（3）发酵原料采取全量化收集模式。基地年可处理农业废弃物共计 12 390 吨，其中猪粪 7 080 吨，占处理总量的 57.1%，基地与周边 13 个养殖场签订粪污全量收集处理协议，猪场按协议约定严格控制用水，粪污浓度在 6% 以内，基地全量运走集中处理。年处理稻草 4 248 吨，占处理总量的 34.3%，主要来自周边 5 000 亩水稻，基地与种植户签订托管协议，种植户按基地方案种植，水稻成熟后由基地全量收购，包括秸秆。全量处理周边 13 个养殖场病死牲畜 1 062 吨，占处理总量的 8.6%。

4. 效益分析

（1）经济效益。按照目前户均用气量 1.16 立方米进行估算，项目目标 3 000 户，达销期 2 年，第一年负荷率为 0%，第二年负荷率为 50%，第三年负荷率为 100%，沼气销售价格 2.0 元/立方米。项目年产固态有机肥 0.22 万吨，销售价格 350 元/吨，年产液态有机肥 3.30 万吨，销售价格 120 元/吨。死亡畜禽处理年处理量为 2.12 万头，每头处理价格为 80 元。

项目工程使用寿命按 17 年，计算不计固定资产残值，基准收益率 8%，项目达产期内年均销售收入 897.80 万元，实现利润 529.14 万元。项目投资利润率为 11.95%，静态投资回收期 7.14 年。

（2）社会效益。项目达产后，将区域内的有机废弃物进行资源化生态利用，有利于治理区域环境污染，有利于增强区域食品安全，有利于推动区域循环经济的可持续发展。用沼气代替传统液化气，每月每户可节约 45 元，全年每户可少花费 540 元，给老百姓带来了经济实惠。

（3）生态效益。该项目达产后，区域内的畜禽粪便、农业秸秆和死亡禽畜等有机废弃物经过中温厌氧发酵处理，产生优质可再生能源沼气，有效地降低有机废弃物自然堆放过程中释放的 CH_4 的排放，有利于缓和温室效应。沼渣、沼液分别加工成固态、液态有机肥出售，可减少化肥，改善土壤质量，促进区域内水和土地资源的合理利用和生态环境良性循环。

第十章 第三方运营规模化沼气模式

第一节 模式介绍

我国的经济发展水平不断提高，经济总量也在不断变大，从根本上来讲是社会生产力在提高，而社会生产力的提高核心是在社会化分工水平的不断提升。近年来沼气工程建设的不断推进也离不开整个行业的专业化分工水平的提升，第三方运营规模化沼气模式的蓬勃发展就是最好的印证，此类沼气工程起着承上启下的作用，连接着粪污、秸秆等需要处理的业主和对"三沼"有需求的业主，并从事专业化、全产业链的服务。

第三方运营规模化沼气模式的业主是独立于养殖场和种植单位的第三方单位，包括企业、协会、合作组织、家庭农场及政府部门等主体。第三方主体相当于一个媒介，通过沼气工程联系多方利益主体，沼气工程的发酵原料有畜禽粪污、城市有机垃圾、工业有机废弃物或废水等。从发酵原料来看，第三方主体需要联系处理畜禽粪污的养殖场、处理秸秆的种植基地等以获取发酵原料，而沼气工程发酵后，生产的"三沼"产品又需要第三方主体与种植基地业主、能源需求主体等进行对接消纳，这就要求建立沼气化处理有机废弃物收费机制（部分未收费），产生的沼气出售、发电上网或提纯生物天然气出售，沼渣制成有机肥出售，沼液回用或者加工成液肥出售，极少数工程沼液经过处理达标排放。沼气工程发酵规模为大型或特大型。

第二节 典型案例及效益分析

一、案例1：广西壮族自治区恭城县"规模养殖+托管沼气+规模种植"三位一体生态农业发展模式

1. 模式形成背景

恭城瑶族自治县是广西壮族自治区（全书简称广西）农村能源建设示范县，30多

年来，一直坚持以生态立县，聚力发展以养殖为重点、种植为龙头、沼气为纽带的传统"三位一体"生态农业，取得了良好的生态效益、经济效益和社会效益，被誉为"恭城模式"并在全国推广。近年来，随着农村经济结构不断调整、经营模式逐步改变，工业化、城镇化在深入推进，农村劳动力大量转移，农村散户养殖逐年减少，户用沼气缺少发酵原料，农民对农村能源建设提出了更高的要求，传统型"三位一体"生态农业模式的产业链受损，效益降低，循环产业遭遇发展瓶颈。

为破解农村沼气池原料不足的难题，在规模养殖、集约种植、专业化服务初现成效的基础上，恭城县在农村沼气后续服务体系建设方面开展了以"全托管"为主的改革尝试，形成了"规模养殖+托管沼气+规模种植"的市场化、规模化、产业化新"三位一体"生态农业发展模式，即由畜禽养殖企业为龙头带动规模化、集约化发展生态养殖，由沼气能源公司统一回收处理畜禽规模养殖产生的粪便，对农村沼气实行"全托管"服务，农村沼气能源公司收集畜禽粪便发酵后的沼渣沼液加工成有机肥料出售当地种植企业、种植大户发展绿色食品水果、蔬菜种植等。其中，沼气"全托管"是一种协议委托式管理服务，以"公司+服务中心+服务网点+农户"模式运作，即沼气池全权委托沼气服务公司管理，公司负责沼气池的进料、出料及日常维护，确保农户基本生活用能，农户按使用沼气数量实行计量消费的农村沼气管理模式。通过最初在栗木镇进行沼气"全托管"试点，目前在全县已经推广 10 000 户左右，使不少产能不足的沼气池得以"复活"。

2. 模式示意图（图 10-2-1）

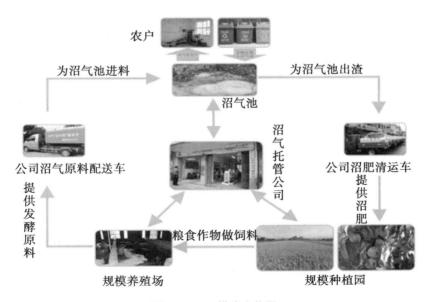

图 10-2-1 模式实物图

3. 配套体系

（1）工作体系。一是加强宣传，转变观念。通过各级党委、政府的工作报告和动员会议，引导规模养殖场业主配合做好沼气"全托管"工作，抓好示范，通过"全托管"为规模养殖场解决排污难题，实现互赢；同时，通过印发资料、召开会议、现场参观等形式，努力做好沼气用户思想工作，树立有偿服务意识，促进沼气"全托管"的快速健康发展。

二是努力争取，加大扶持。争取并利用中央预算内投资和自治区本级财政项目资金，2012 年以来共争取到 800 多万元，扶持沼气公司进行扩面和购买专用设备。同时，积极争取恭城县委和人民政府每年扶持 100 多万元，用于全县沼气"全托管"的扩面推广，并出台有《恭城瑶族自治县农村沼气能源发展规划（2015—2019 年）》。2016 年，设立奖励资金，对全县沼气"全托管"基层先进个人每人奖励 8 000 元，提高基层沼气技术人员的工作积极性。

三是积极创新，灵活运用。结合"美丽广西"乡村建设系列活动，将沼气建设融入其中，实现多赢。利用自治区本级财政补助资金，开展农村有机垃圾沼气化处理的试点工作，或利用县财政扶持资金，在村屯建设大型沼气池，由沼气公司通过承揽集镇村庄垃圾清运业务，既解决农村沼气发酵原料不足难题，又解决规模养殖场的排污，扩展就业渠道，实现增收节支。

（2）技术体系。沼气"全托管"创新服务模式，提高农村户用沼气池使用率和使用效益，巩固发展成果。通过第三方实行公司化管理和市场化运营，农村沼气池的进出料服务和维修管理委托公司服务，农户则有偿使用沼气，保证沼气供应可持续发展。

①户用沼气"全托管"模式：针对当前沼气池老化率达 50%、原料不足、使用率不高、农村人居环境被污染的问题，创新管理模式，通过试点示范，以一种协议委托式管理服务，实行沼气"全托管"，即农户家用沼气全权委托沼气服务网点管理，网点负责沼气的进料、出料及日常维护，确保农户"一日三餐"生活用能，农户按使用沼气数量，用刷卡的方式，实行先充值、后消费的农村沼气管理模式（图10-2-2）。

②有机垃圾沼气化处理模式：按照"统一建池，集中管理，联户供气"模式，推进有机垃圾沼气化处理。通过第三方（沼气公司）运作，按照规模养殖分布、养殖类别、养殖规模和集镇村庄有机垃圾生产情况及农户用能需求，统一规划，建设大中型沼气工程，集中处理畜禽尿污和生产生活有机垃圾。所生产鲜粪无偿供给公司作"全托管"沼气发酵原料，沼气由公司按照有偿使用模式联户供给周边农户使用。

③推行市场化运作方式：为解决沼气"全托管"的长期有效管理和推动循环经济发展的问题，恭城县引进桂林市新合沼气设备有限公司，将原来的县、乡、村三级沼气后续服务体系并入该公司管理范畴，见图10-2-3。公司主要负责：与大、中型养殖场

图 10-2-2 "三沼"综合利用

合作，解决好沼气原料的供应问题，公司以较低价格购买（或免费收集）牲畜粪便作为原料，既保证了公司沼气发酵原料的充足供应，又解决了养殖场环境污染问题，还降低了双方成本；公司与农户签订服务协议，由公司沼气服务网点负责提供沼气池发酵原料、技术保障和服务管理，沼气农户有偿使用沼气，按配送量收费，生活用能得以保障，而公司通过服务费用收取，形成规模效益；与规模种植场、种植大户合作，为其提供有机肥料，将沼气废渣处理为肥料成品，为其提供生物有机肥料，减少化肥农药使用，改进土壤成分，提升了种植产品质量，促进了增产增收。

（3）技术保障和创新。按照"公司+乡镇服务中心+整合后的村级服务网点+沼气用户"的模式，由县能源办进行技术培训和技术指导、发酵原料研究试验。由公司组织全县沼气技术队伍开展农村沼气托管有偿服务，推进农村沼气"全托管"扩面。同时，不断研究和改进发酵原料配送设备，降低劳动强度和成本，提高了效率和收入。

4. 政策体系

为推动"规模化养殖-公司化托管沼气-规模化种植"生态农业发展模式，提高农业综合生产能力和促进特色农业与农村经济的可持续发展，恭城瑶族自治县制定了两个政策性规划：一是 2014 年，自治县委、自治县人民政府出台《恭城瑶族自治县农村沼气能源发展规划（2015—2019 年）》（恭发〔2014〕36 号）"；二是 2016 年，恭城县制定《恭城生态瑶乡"新三位一体"特色农业（核心）示范区规划（2016—2020年）》，决定以"新三位一体"生态农业模式和"五化"（突出经营组织化、装备设施化、生产标准化、要素集成化、特色产业化）基本要求夯实国家级生态示范区的建设，

图 10-2-3　沼气后续化服务基地及"全托管"服务团队

并将这一模式列为自治区级现代特色农业（核心）示范创建工作重点。

5. 推广情况

2012 年至今，恭城县全县沼气"全托管"签约农户已经达到 6 000 多户，"半托管"农户 4 000 多户，合作的规模养殖场 30 多个，合作的规模种植园 11 个，取得了很好的经济效益、环境效益和社会效益。

6. 效益分析

（1）经济效益。沼气农户直接能源效益。以一家四口计，每户月平均用气量约 30 立方米，每户月交费 60 元（按现行价），相对使用液化气每月 1 罐，价格 125 元，使用沼气每月约可节省开支 65 元，每年可节约 780 元。

沼气托管公司收益。按一个网点管理 200 户计算，服务网点每月可收入 12 000 元，扣除运送成本 2 000 元，公司年可新增纯收入有 8 000 元。

规模养殖场粪污处理成本。根据测算，每生产 1 立方米沼气需鲜粪 12.5 千克，6 000户"全托管"沼气池月产沼气 180 000立方米，月节约粪污处理费用约 4.5 万元。

每月为规模种植场提供 2 250吨有机沼肥，有效节约化肥农药成本，促进增产增收。

（2）环境效益。以公司网点为中介，在保证沼气正常运转的同时，解决了规模养殖场禽畜粪便造成的环境污染问题，促进了规模养殖的发展；公司以沼气用气价格为导向，引导和鼓励农户在使用沼气的过程中，自觉将生活垃圾进行分类，把有机垃圾投入沼气池，减少农村垃圾存量，促进"生态乡村"建设；沼渣沼液用于农业生产，提高了土壤肥力，减少了化肥的施用，对保护农村生产环境、提高农产品品质、建设美丽乡村起到了积极作用。

（3）社会效益。解决了农村沼气发酵原料不足、维护技术不足等问题，为农户自觉使用沼气、维护沼气长效运转提供了良好范例。对清洁能源建设及生态农业可持续发展的这一探索，推动了恭城原来以户为单位的养殖+沼气+种植小"三位一体"向规模化养殖+公司化托管沼气+规模化种植的"大三位一体"生态农业循环模式转变，探索了一条"生态化、低成本、可持续"改善农村人居环境新路子，在 2015 年第二次全国改善农村人居环境会议中得到了国务院、区、市领导和与会代表的高度肯定。

7. 适宜地区

恭城处在北纬 24°37′到北纬 25°17′，这个纬度内是亚热带。这里冬季总的来说是比较暖和，年平均温度 19.7℃，极端最低温度是−3.8℃，极端不是年年都有，一般情况下，冬季相对比较暖和，不需要增加其他设施，沼气池可以连续运转，能连续产气。在这样的条件下了，我国南方这一片，大概有 14 个省，沼气池冬季基本不需要增加其他设施，都适宜这一模式。

二、案例 2：河北省正定县以沼气为纽带的生态循环农业模式——"正定模式"

1. 模式形成背景

正定县农牧局从 2010 年 3 月开始就与北京天极视讯科技发展有限公司（以下简称"北京天极"）合作，从寻找沼气产业健康发展的路径出发，依托"北京天极"的 IT 技术和高科技人才资源优势，在河北省新能源办、石家庄市新能源办的帮助指导下，在农业农村部规划院能源与环保研究所、中国标准化研究院、中国农业科学院、天津农业科学院的技术支撑下，在正定县开展了以沼气为纽带的农业循环经济的研发与实践。经过 7 年的不断摸索、优化和完善，走出了一条集户用沼气池及大中型沼气工程智能服务管理、沼渣沼液运用专利生物技术生产有机沼肥、进而促进有机农业全面发展的生态循环发展之路，形成了在河北省乃至全国独树一帜的以沼气为纽带的生态循环农业发展的

"正定模式"。为实现节能减排、减除面源污染、构建美丽乡村、发展有机农业发挥了积极作用。

2. "正定模式"概述

着眼于提高户用沼气池、大中型沼气工程使用率这一核心问题，形成了"以现代信息化管理手段为支撑，以气补拉动沼气户用气需求，以延伸产业链条提高沼气物业服务供给"的解决思路，提出了"以现有存量户用沼气池、大中型沼气工程为基础，以现代信息化管理手段为支撑，以第三方托管公司为平台，以'以肥养气'发展循环农业为主要方式"的"正定模式"（图10-2-4）。

该模式包括三个系统，一是"智能沼气"管理系统。对沼气用量实现可计量、可监控、可核查，并以此为依据实现政府（或CDM）对物业站进行用气补贴。二是"全托式"沼气物业服务系统。沼气用户以入会的形式缴纳一定的费用享受全托式服务，托管公司全年对用户提供综合服务保证户用沼气的正常使用，在年终以农户的用气计量统计为依据进行补贴。三是沼渣沼液加工综合利用系统。托管公司以400~1 500个户用沼气用户或1 000立方米左右大中型沼气工程为基础单元，建设供应户用沼气发酵原料并回收沼渣沼液进行有机肥料加工和销售的沼肥加工厂，就近供应当地开展有机农业生产，增加托管公司的收益。

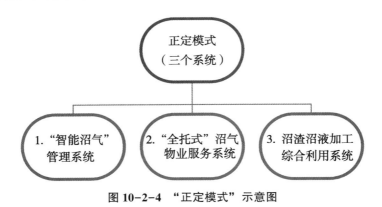

图10-2-4 "正定模式"示意图

3. 运行机制

（1）户用沼气池。由沼气物业托管公司为沼气户进行全托式服务，收集的沼渣沼液加工成沼肥供应市场（图10-2-5）。

（2）大中型沼气工程。沼气物业托管公司托管大中型沼气工程，沼气发电自用，沼渣沼液加工成沼肥供应市场（图10-2-6）。

4. 发展趋势

在模式发展初期，政府购买占主导，需要政府的政策及资金支持做引导，为沼气服务提供有力的支撑；发展中期，政府引导的作用逐渐显露，托管公司的积极性被极大地

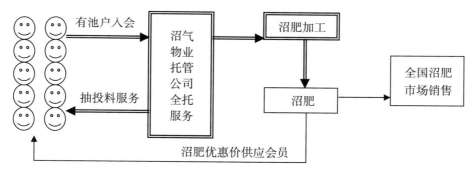

图 10-2-5　户用沼气运行路线

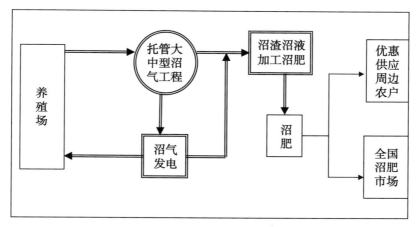

图 10-2-6　大中型沼气工程运行路线

调动起来；发展的成熟期，政府扶持力度持续减弱，市场活力被激活，托管公司的核心作用凸显，进入完全市场化。

"正定模式"发展趋势的立足点是服务链条产业化延伸增强物业服务站自身"造血"机能，通过该模式核心托管公司的主观能动性，以种植业为基础，养殖业为龙头，再生沼气能源开发为纽带，有机复合肥料生产为驱动，建立完善的"气、肥共生体系"，形成肥料、生物质再生能源相生、互补的生态环境良性循环，实现在良性循环链条中相互依赖、以肥养气、增加收益、稳定队伍、协调发展，最终达到提高户用沼气池使用率的目的。

5. "正定模式"运行简介

（1）开发"智能沼气"管理系统。2012 年开始，"北京天极"按"正定模式"的思路会同中国标准化研究院、中国农业科学院，相继开发了基于 CDM 核查标准的"智能沼气表"（图 10-2-7）和农村沼气信息化管理系统。"智能沼气表"与"400"电话报修系统和管理系统相结合，具有一键报修、实时用气流量监控，无线传输核查等非常实用的功能。试点实践证明，该系统拥有分布式信息监测、集中式信息管理的强大能力，并拥有可计量、可监控、可核查的实际能力（图10-2-8）。

图 10-2-7　智能沼气表

图 10-2-8　智能沼气管理服务系统

（2）开展试点示范。

①新城铺村建立户用沼气池试点：以石家庄市正定县新城铺镇新城铺村 200 户为示

范样板。一是财政出资每户 200 元为农户安装了智能沼气表，通过"智能沼气"管理系统实现对农村户用沼气池用气计量、信息管理、运营维护。二是引入政府财政采购社会化服务的机制，财政出资每年每户 150 元服务补贴，由"天极（河北）生物科技有限公司"为农户免费开展户用沼气"全托式"服务，沼气使用率由实施前不足 30% 提高到现在的 90%，户均每月用气量达到 20 立方米。三是"天极（河北）生物科技有限公司"投资 300 万元建设了年产 5 000 吨中高端沼液肥的加工厂，利用回收的沼渣、沼液加工有机肥料，结合当地水肥一体化设施，就近销售给种植户施用。

②高平村建立大中型沼气工程试点：在正定县曲阳桥乡高平村，"天极（河北）生物科技有限公司"托管"石家庄市正定县正先肉鸡养殖合作社"现有 1 000 立方米大中型沼气工程，并由"天极（河北）生物科技有限公司"投资 500 万元建设了年产 10 000 吨中高端沼液肥的加工厂。所产沼气进行发电自用，沼液肥结合当地水肥一体化设施，重点供应当地农业公司和种植大户施用。目前，该试点畜禽粪污处理范围已经扩大到方圆 10 千米的 5 个养殖场。

③自主研发配方沼肥："北京天极"从 2012 年开始研发沼肥配方，一是依照国家标准，创新研制了以沼液为母液的腐殖酸系列水溶肥。二是开发出有自主知识产权生产固体有机肥、低端沼液肥的生产工艺。目前，已研发出 3 个自有知识产权的符合国家标准的沼肥品种，并在 20 种粮食、蔬菜、果树等作物上进行了肥效试验示范。两家现代化的沼液肥加工厂已经成为《农业农村部规划设计研究院工程技术研究中心》《农业农村部规划设计研究院科研实验基地》。

6. 效益分析

（1）经济效益。截至 2017 年 5 月，已生产沼液肥 2 000 吨，服务农田 20 000 亩（次）以上。年产 5 000 吨中高端沼液肥，按每吨沼液肥 600 元计算，沼液肥收入 300 万元。"北京天极"沼肥进入了正定县政府采购目录（固体有机肥按每吨 800~1 000 元计算），并为种植户增产 10% 以上，增效 20% 以上。通过户用沼气"全托式"服务，沼气使用率提高到的 90%，每户年均用气量达到 240 立方米，节约标煤 171.36 千克。按 1 500 户用户计算，年节约标煤 257.04 吨。

（2）社会效益。"正定模式"的实施，有效盘活了国家投资沼气的国有资产，促进国家惠农政策的进一步落实。通过成立"天极（河北）生物科技有限公司"本土化运作，创新并发展农村沼气服务运营模式，促进当地劳动就业，增加当地税收。通过有机沼肥的施用，实现有机生态农业发展，为社会提供优质农产品，实现低碳经济与生态循环农业的可持续发展。助力美丽乡村建设，提高农民健康水平和生活质量。这些试点的成功实施，为加快京津冀区域畜禽粪污资源化利用的步伐提供了可复制的经验。

（3）环境效益。发展以沼气为纽带的生态循环农业，首先全面恢复农村沼气工程的用气功能，减少煤炭等常规能源使用量，真正实现农村节能减排。按 1 500 户用户计算，年用气量达到 36 万立方米，节约标煤 257.04 吨，年减排 CO_2 量 648.54 吨，减排 SO_2 量 9 648 千克。其次实现沼渣沼液综合利用，即解决了农业面源污染的问题，减少化肥农药施用，又改良了土壤、增加地力，提高了农作物产量、改善了农作物品质，提高了农民绿色收入。

三、案例 3：江西省新余市渝水区南英垦殖场规模化沼气发电上网模式

1. 沼气工程建设及运行情况

2017 年 12 月，江西省发改委批复，新余市渝水区南英垦殖场规模化沼气发电项目上网电价为每千瓦·时 0.589 元（含税，含补贴电价）执行。该项目 2016 年底正式投产，建成容量 20 000 立方米的大型沼气工程一座、有机肥生产车间一座、沼气发电站一座，配置 2 台 1 500 千瓦进口沼气发电机组（图 10-2-9），每年以第三方处理模式，可处理各类养殖废弃物 40 万吨，利用沼气发电 2 000 万度，项目建有加工车间（图 10-2-10），利用沼液沼渣制成各类固态有机肥 3 万吨、高端液态肥 4 万吨，可为 10 万亩农田提供有机肥，大幅度降低周边农户化肥和农药的使用量。

图 10-2-9　1 500 千瓦进口发电机组

2. 项目工程流程把控

（1）源头减量。建立沼气工程覆盖区域内的养殖场准入制，要求高架床养殖，粪污浓度控制在 TS＝6%～8%（发电上网盈利临界浓度），粪污治理付费机制，该区域的养殖场每头猪每年给沼气工程 10 元的治污费。

（2）过程控制。专业公司，技术可靠，追求产气量和发电上网利润，发电外包给专业发电机企业运行管理，每度电付费 7 分钱给发电机厂商。同时除了处理粪污外，还处理病死猪，多方经营，扩大盈利点，保证可持续发展。

（3）末端利用。由于源头减量化，TS＝6%～8%，末端沼液数量得以控制，进行资

图 10-2-10　沼渣加工有机肥车间

源化利用成本降低，沼渣经固液分离后制备有机肥出售，部分沼液还田利用，剩余沼液进行浓缩制备液肥出售，全量化、资源化利用，吃干榨尽，零排放，环境友好，同时利润最大化。

3. 效益分析

（1）经济效益。新余市渝水区南英垦殖场规模化沼气发电上网模式就是以养猪为龙头，以沼气为纽带，联动有机肥生产，是全量化、资源化的规模化沼气模式。沼气工程收集养殖场粪污下池发酵产气，生产的沼气用于发电上网，营收能力突出。在生产末端，沼渣用于生产有机肥出售，进一步扩大了利润空间。

（2）生态效益。沼气工程不仅确保库养殖场的生产废弃物得到净化处理，而且其产生的沼液可以浸种、浇菜、喷果，还可以喂猪养鱼，有利于增加农作物和果树的抗旱、抗冻和抗病虫害的能力，提高农产品的品质。沼肥有利于土壤的改良，改善土壤的团粒结构。农产品质量安全得到保证，市场竞争力明显增强。

（3）社会效益。新余市渝水区南英垦殖场规模化沼气发电上网模式切合当地农村实际，可操作性强，该模式所以深受养殖场的欢迎，杜绝了原来的蚊蝇纷飞、臭气熏人的粪坑。该项目的实施既解决了养殖场的后顾之忧，又推动了生态循环农业的发展，同时创造了就业岗位，其社会效益明显。

第十一章　农村生活垃圾污水沼气化处理模式

第一节　模式简介

农村生活垃圾和生产、生活废水、污水一般不含有毒物质，但含有 N（氮）、P（磷）等营养物质以及许多细菌、病毒和寄生虫卵。农村生产、生活废水包括畜禽养殖、水产养殖、农产品加工及家庭生活等所产生的高浓度有机废水，这类废水不同于大型养殖场的废弃物，其特点为悬浮物浓度高、水量小且不均匀、大部分可生化性较好。我国幅员辽阔，农村地区发展不平衡，不同地域间农村的水资源条件、地形地貌、村庄的规模布局及聚集程度、经济水平、道路交通条件、当地风俗习惯、居住方式等自然、经济及社会条件各不相同，因此，需要综合各种因素因地制宜，选择合适的生活污染处理模式乡镇偏远地区污水、生活垃圾处理是农村社会事业发展的短板。另外，农村生活垃圾如果不妥善处理，有可能造成爆炸事故和火灾、地下水污染、加剧了全球变暖、导致植物窒息、产生挥发有毒气体等危害。

农村生活垃圾污水沼气化处理模式就是致力于沼气化处理农村生活垃圾和生产、生活废水、污水的模式，建设的沼气工程是以处理农村有机垃圾和生产、生活污水为主的环保工程，工程业主（运转管理人员）大多为村委会、沼气技工等。清洁乡村卫生，保护生产生活环境，是乡村振兴环境治理的抓手。沼气工程部过于追求沼气的产气量，所产沼气就近供应周边农户，沼渣沼液由周边农田消纳。

第二节 典型案例及效益分析

一、案例1：广西灵山县"农村生活垃圾+农作物秸秆+农村生活污水+养殖小区"沼气化处理综合建设模式

1. 模式形成背景

灵山县太平镇西华村，位于灵山县太平镇政府西面，距镇政府所在地约10千米。北距省会南宁市区70千米，南距钦州市区60千米，东距灵山县城80千米。在北回归线以南，属南亚热带季风气候区，年平均气温22℃。项目所在地灵山县太平镇西华村委会学堂岭生产队，现有农户116户，总人口622人，有土地面积1500多亩，其中水田面积150亩，林地面积1000亩，水果面积350亩，2016年人均纯收入10816元，主要经济来源于水稻种植、荔枝种植和林业产品经营。2015年以前，该村共建户用沼气池30座，由于农村畜牧养殖量少，劳动力外出务工多，沼气池出现了缺乏原料、没人管理的现象。村民生活用能还是以木柴、电、煤气为主。

2013年，广西实施"美丽广西·清洁乡村"工作以来，西华村委会学堂岭生产队积极响应上级号召，组织开展乡村清洁工作，安排保洁人员进行集中收运生活垃圾，并对垃圾进行分类处理，确保了村庄的环境卫生。

2015年，灵山县把西华村委会列入全县20个重点建设的精品村，对新农村建设进行了重新规划，建设了一批公共文化、娱乐休闲、村屯绿化、生态果园等设施。西华村建设农村有机垃圾（含农作物秸秆、农村生活污水）沼气化处理项目（图11-2-1）。预计建成后，日处理农村生活垃圾0.5吨，年处理农作物秸秆200吨、农村生活污水700吨，日产沼气100立方米，供气农户50户。2017年结合盛吉农业合作社，计划增加建设300立方米养殖畜禽粪污集中处理沼气工程。项目建成后，能大大提高农村有机垃圾、农作物秸秆、农村生活污水的处理效果，提高产气率，保证农户全年不间断使用沼气，提高沼气利用的综合效益。

2. 模式图

模式流程图和实物示意图见图11-2-2和图11-2-3。

3. 配套体系

（1）工作体系。灵山县太平镇西华村委会学堂岭生产队"农村生活垃圾+农作物秸秆+农村生活污水+养殖小区"沼气化处理工程是由盛吉农业合作社统一管理运行，专职管理人员2人，负责收集垃圾、农作物秸秆等原料，进行分拣、粉碎、投料以及日常

图 11-2-1 沼气池远观

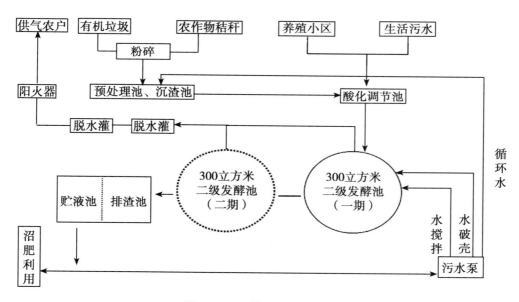

图 11-2-2 模式流程示意图

维护、收费等工作。合作社承包经营 300 亩的荔枝果园、藕田、鱼塘，利用沼液、沼渣，发展绿色无公害农产品，增加管理人员收入，维持沼气池正常运行。同时，结合"美丽乡村"工作开展，生产队成立了"美丽乡村"理事会，按照政府"美丽乡村"工作有关文件要求，监督群众，做好垃圾分类、农作物秸禁烧等工作。

（2）技术体系。核心技术要点：

考虑到处农村生活理垃圾同时，又把农村生活污水、农作物秸秆同时设计，既增加原料来源，又扩大治理污染源；创新设计水循环搅拌（池内、池外）、水破壳等装置，

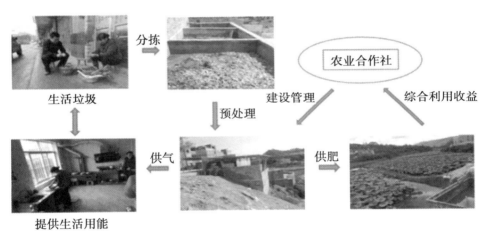

图 11-2-3　模式流程实物示意图

有效解决沼气池结壳、堵塞的难题；破解生活污水磷含量影响沼气发酵难题；巧妙设计预处理池、发酵池、排渣（液）池，解决沼气池大出料难的问题；建立人工多级藕田生物系统，净化排出的沼液，通过植物及微生物代谢活动，转换、降解、去除沼液中的有机物及营养元素，实现废水无害化、资源化利用，达标排放；沼气管道化供气，装上刷卡流量计，村民用上干净、清洁的可再生能源。

（3）政策体系。投资补助：

2015 年"美丽广西"农村有机垃圾沼气化处理试点项目补助 30 万元，群众筹集 12 万元，市配套 10 万元，县配套 8 万元；2016 年广西沼肥管道化集中供给项目补助 30 万元；灵山县乡村办"美丽乡村"建设"精品村"项目补助 20 万元。

4. 推广情况

通过垃圾沼气化项目建设，一是有效地就地解决农村生活垃圾无害化、生态化处理的难题；二是又能变废为宝，发展循环经济、发展绿色生态无公害农业；三是沼气管道化供气，家家户户装上刷卡流量计，村民用上干净、清洁的可再生能源；四是有力地推动"美丽乡村"的发展，加快社会主义新农村建设步伐；五是典型带动作用，吸引周边村镇群众参观学习，纷纷要求建设垃圾沼气化项目。

5. 效益分析

（1）经济效益。西华村建设农村有机垃圾（含农作物秸秆、农村生活污水）沼气化处理项目，年产沼气 3.65 万立方米，供气农户 50 户，按每立方米沼气 2 元计算，供气收入合计 7.3 万元。沼气工程产生的沼液、沼渣用于合作社承包经营 300 亩的荔枝果园、藕田、鱼塘，发展绿色无公害农产品，提高了农产品品质，增加了农民收入。

（2）生态效益。该沼气工程年产沼气 3.65 万立方米，相当于年节约使用标煤 26 吨，年减排二氧化碳 66 吨，减排二氧化硫 978 千克。年处理农村生活垃圾 182.5 吨，年处理农作物秸秆 200 吨、农村生活污水 700 吨，不仅有效地就地解决农村生活垃圾无害化、生态化处理的难题，又能减少农作物秸禁烧，粪污无处排放的问题。该沼气工程还建立人工多级藕田生物系统，净化排出的沼液，通过植物及微生物代谢活动，转换、降解、去除沼液中的有机物及营养元素，实现废水无害化、资源化利用，减排达标。

（3）社会效益。西华村建设农村有机垃圾（含农作物秸秆、农村生活污水）沼气化处理项目，使村民用上干净、清洁的可再生能源，变废为宝，发展循环经济、发展绿色生态无公害农业。该项目对推动"美丽乡村"的发展，加快社会主义新农村建设步伐，起到了典型带动作用。

二、案例 2：湖北省天门市"高效循环新村"模式

1. 模式形成背景

天门市健康村是湖北省委、省政府社会主义新农村建设的试点示范村，是国家科技部首批新农村建设科技示范村。曾多次获得省、部级单位授予的"生态示范村""全国文明村""美丽宜居示范村庄"等称号及省级科技进步奖。全村共有 13 个村民小组，920 户，3 600 人，耕地面积 1 800 亩，村内有企业 18 家，总资产 3.1 亿元，2016 年销售 8.2 亿元，实现利税 3 200 万元，村民人均可支配收入 1.28 万元，高出全市农村平均水平 20%。

围绕农业资源高效循环利用理念，全村在发展过程中，始终坚持遵循"三同步、三统一"的原则，做到经济建设、村级建设和环境建设同步规划、同步实施、同步发展，

实现经济效益、社会效益与环境效益统一，保持既要金山银山，又要绿水青山。

目前全村已基本形成五条产业链：一是以棉花杂交制种为核心，棉花、油料新品种示范和优质棉，优质油菜高产配套为主的种植产业链。二是以棉花精加工为龙头，棉花加工、棉纱纺织为核心的产业链。三是以生猪养殖为龙头，种猪、饲料、添加剂、生物有机肥生产为核心的产业链。四是以油脂加工为龙头，利用棉籽、油菜籽生产食用色拉油，油脚料生产油酸、脂肪酸、硬脂酸，棉壳生产食用菌、饼粮、生猪饲料的产业链。五是废弃物资源综合利用产业链，即猪场废弃物发酵产生沼气供农户炊用，沼液肥田，秸秆生产生物质固型燃料，改造锅炉，替代燃煤，解决秸秆燃烧造成的污染。五条产业链构建了农业资源高效循环利用的生态农业体系。其瘦肉生猪"健康之村"商标和合福牌一级菜籽食用色拉油被认定为湖北省著名商标。湖北健康（集团）股份有限公司为国家级农业产业化重点龙头企业。诚鑫化工有限公司是我国中部地区最大的油酸、脂肪酸、硬脂酸系列产品生产厂家，其产品符合国家《资源综合利用目录》，广泛应用于冶炼、橡胶制品、环保型油漆等。

除了发展经济，健康村还按照建设资源节约型和环境友好型社会的要求，通过"水体生态化、能源清洁化、生产无害化、村庄园林化"技术的集成与推广，实施了辖区内水体修复、污水处理、可再生能源利用、垃圾处理、废弃物资源化利用等环境保护工程，构建以生态宜居为特色的农村环境保护技术体系，让农民能够"喝上干净的水、呼吸清洁的空气、吃上放心的食物、在良好的环境中生产生活"，为平原农村的环保与社会经济同步发展，树立典范。

目前，全村基本上实现了"龙头企业产业化、村组道路水泥化、人畜饮水安全化、农田排灌河网化、田头地边植被化、池塘河水清洁化、村庄环境优美化、农家民宅庭园化、厨房清洁能源化、农村信息数字化"的十化目标。

2. 农村能源开发与利用情况

近年来，健康村依托创新团队与科研院校整合农畜废弃物资源化利用的科研成果和清洁能源开发领域的新技术，实施了沼气供能，地源供热、太阳能利用，沼液开发利用，秸秆综合利用等工程项目，为创建农业资源高效循环利用、多种清洁能源综合互补的模式提供了强有力的支撑。

（1）实施大型猪场废弃物资源利用工程。2008年，健康村建造了2 600立方米的大型沼气集中供气设施，年产沼气56万立方米，供1 200农户炊用。同时将沼液无害化处理后，用于蔬菜、油菜、棉花生产基肥或叶面喷雾。形成以大型沼气集中供气设施为核心，健全"三沼"（沼气、沼液、沼渣）综合利用体系，建立"种、养、肥、鱼（藕）"循环产业链。形成"猪-沼-棉花""猪-沼-油菜""猪-沼-蔬菜"三种利用途径，利用面积达2 000亩。2016年健康村又与湖北大学合作，开展沼液开发利用技术研究与示范，即采用人工生物浮岛技术，将沼液稀释后选择适应水上种植的蔬菜、花卉、草类品种，开展水上花园，水上菜园，水上草原示范，示范面积达 6 800 平方米。

项目实施过程中总结出了《大型沼气集中供气系统操作规程》《水培竹叶菜企业标准》等地方标准和规程专利一项。2012 年获得湖北省人民政府"利用秸秆多菌种藕合发酵工业化生产沼气关键技术研究"科技进步二等奖；2014 年获得湖北省人民政府"大型猪场废弃物综合利用技术集成创新与示范"科技进步三等奖。

（2）实施太阳能光伏和地源热能利用工程。在可再生能源利用方面，健康村发动群众，在太阳能和地热利用方面做了一些工作。一是全村 920 农户全部安装户用太阳能热水器，保热面积达到 3 000 平方米，现已安装太阳能路灯 200 盏，安装庭院灯 100 盏。二是老年公寓地源热泵示范面积达到 3 600 平方米。同时利用村属 520 亩养殖水面实施的"鱼光互补"工程已获湖北省发改委立项，正紧锣密鼓地筹备建设。

（3）实施秸秆综合利用工程。湖北健康（集团）新能源科技开发有限公司创办了一家年产 5 万吨秸秆成型燃料加工厂，可消纳 15 万亩农田秸秆，农户每亩可增收 40～60 元，解决邻村 3 万农户的秸秆出路问题。该厂参照国内先进的生物质秸秆固型燃料加工厂参数，将废弃的棉秆、麦秆、黄豆秆、芝麻秆等，通过粉碎、烘干成型工艺，把分散的低密度能源加工成高密度能源，使生物质秸秆固体成型燃料内部更为紧密，外部光洁，在使用时，具备操作方便，热值高，无二氧化碳排放等优点。现已与武汉黄陂工业园、中央在鄂企业武汉生物制品研究所合作采取合同制供应方式供气。

同时，健康村与武汉理工大学合作开展农业废弃物能源转换工艺开发关键技术研究，利用农业废弃物制作高纯度氢气，最终实现秸秆、厨余、禽畜粪便等能源转换的产业化运行。

3. 模式图

模式流程图和实物示意图见图 11-2-4 和图 11-2-5。

4. 保障机制

（1）加强组织领导。成立由天门市岳口镇委书记担任组长、健康村党委书记担任副组长的模式推进工作领导小组，由小组成员商讨制定工作保障措施，分解落实责任和建设目标，协调解决项目各工程建设工作的有关问题，各村小组长和相关企业法人为项目具体负责人，负责配合对各自居民小组长与企业在模式推行中的对接。

（2）建立联动机制。项目的实施得到了农业、能源、住建、电力、发改、科技、环保等部门的大力支持，健康村村民积极参与。针对每一个项目建立形之有效的服务、收费、维修等管理机制，确保项目的持续推进。同时，领导小组及辖区企业与多所科研院校等形成长期紧密的合作关系，曾先后共同承担多项国家科技攻关和"星火计划"项目，华中农业大学和省农科院派技术员长期驻点指导技术工作。这都为模式的顺利实

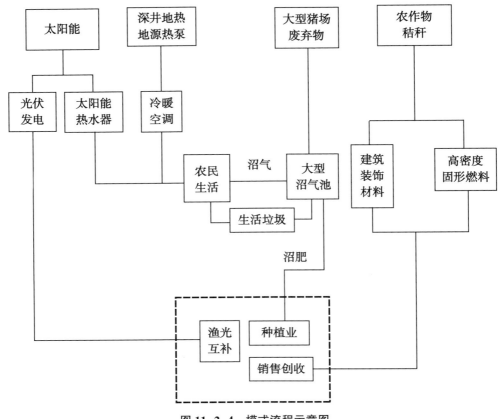

图 11-2-4　模式流程示意图

施、推广提供了强大的技术保障。

（3）狠抓科技培训。这些年来，在具体项目的实施过程中，健康村采取"引进来"——长期请专家和教授来村指导，"送出去"——几年来共送相关人员到大专院校和科研院所定向培训 120 多次，"抓普及"——在省科协帮助上建立了湖北农业函授大学天门分校和健康农民科普大学等手段，既保障了模式建设所需的科技人才，又提高了农民科学素质。以确保村民明白工作要点，知晓操作规程，科学有效地参与模式建设。

（4）严格资金管理。工作领导小组一方面负责项目资金的筹措到位，另一方面协助项目负责人明确资金投入范围和重点，提高资金使用率，杜绝资金浪费和违规违纪现象，确保项目专款专用。

（5）共享政策扶持。该模式建设享受武汉城市圈"两型"社会改革示范区的各项政策，享受"低碳示范模式"建设专项改革试验建设的扶持政策。

5. 效益分析

（1）经济效益。天门市健康村大型沼气集中供气设施，猪场废弃物发酵产生沼气，

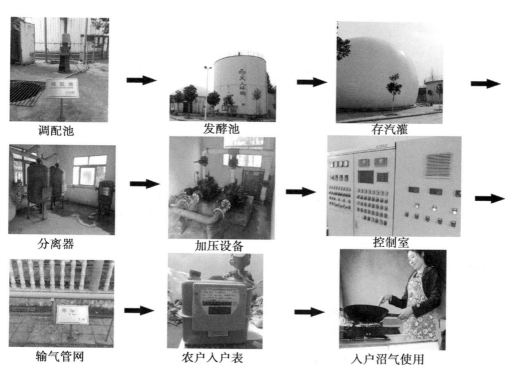

图 11-2-5　模式流程示意图

年产沼气 56 万立方米，供 1 200 农户炊用，相当于节省了 399.84 吨煤炭。沼液无害化处理后，用于蔬菜、油菜、棉花生产基肥或叶面喷雾，可提高果、蔬、田等农产品的产品质量，增收效益。另外秸秆生产生物质固型燃料，年产 5 万吨秸秆成型燃料，可消纳15 万亩农田秸秆，农户每亩可增收 40~60 元，解决邻村 3 万农户的秸秆出路问题。

（2）生态效益。天门市"高效循环新村"模式年产沼气 56 万立方米，相当于节省了 399.84 吨煤炭，年减排二氧化碳 1 008.84 吨，减排二氧化硫 15 吨。

（3）社会效益。天门市"高效循环新村"模式充分利用资源，实施了沼气供能，地源供热、太阳能利用，沼液开发利用，秸秆综合利用等工程项目，为创建农业资源高效循环利用、多种清洁能源综合互补的模式提供了强有力的支撑。实施了辖区内水体修复、污水处理、可再生能源利用、垃圾处理、废弃物资源化利用等环境保护工程，构建以生态宜居为特色的农村环境保护技术体系，让农民能够"喝上干净的水、呼吸清洁的空气、吃上放心的食物、在良好的环境中生产生活"，为平原农村的环保与社会经济同步发展树立典范。

参考文献

白金明，崔明，王久臣，等．2004．沼气生产工．下册［M］．北京：中国农业出版社．

毕婷婷，尹芳，王翠仙，等．2018．沼肥对我国农业可持续发展重要性研究［J］．北方农业学报，46（1）：76-80.

蔡阿兴，蒋其鳌，常运诚．1999．沼气肥改良碱土及其增产效果研究［J］．土壤通报，30（1）：4-6.

曹汝坤，陈灏，赵玉柱．2015．沼液资源化利用现状与新技术展望［J］．中国沼气，33（2）：42-50.

常鹏，张英，李彦明，等．2010．沼渣人工基质对番茄幼苗生长的影响［J］．北方园艺（15）：134-137.

陈恩凤．1990．土壤肥力物质基础及调控［M］．北京：北京科学出版社．

陈苗，白帆，崔岩山．2012．几种沼渣中 Cu 和 Zn 的含量及其形态分布［J］．环境化学，31（2）：175-181.

陈苗，崔岩山．2012．畜禽固废沼肥中重金属来源及其生物有效性研究进展［J］．土壤通报，43（01）：249-256.

陈为，孟红英，王永军．2014．沼渣、沼液的养分含量及安全性研究［J］．安徽农业科学（23）：7960-7962.

陈为．2016．沼肥对水稻产量的影响［J］．园艺与种苗（4）：57-58.

陈永杏，董红敏，陶秀萍，等．2011．猪场沼液灌溉冬小麦对土壤质量的影响［J］．中国农学通报，27（3）：154-158.

陈永杏，尚斌，陶秀萍，等．2011．猪粪发酵沼液对无土栽培番茄品质影响的试验研究［J］．中国农学通报，27（19）：172-175.

陈志贵．2010．沼肥对蔬菜产量和安全性及土壤安全承载力的影响［D］．上海：上海交通大学．

崔彦如，赵叶明，解娇，等．2015．基于沼渣的育苗基质配方对水稻生理指标的影响［J］.山西农经（09）：52-54.

邓良伟，王文国，郑丹．2017．猪场废水处理利用理论与技术［M］．北京：科学出版社．

邓良伟．沼气工程［M］．2015．北京：科学出版社．

董越勇，聂新军，王强，等．2017．不同养殖规模猪场沼气工程沼液养分差异性分析［J］．浙江农业科学，58（12）：2089-2092．

董志新，卜玉山，续珍，等．2015．沼气肥养分物质和重金属含量差异及安全农用分析［J］．中国土壤与肥料（3）：105-110．

董志新，刘奋武，续珍，等．2014．沼渣有机无机复混肥对小白菜生长及品质的影响［J］．北方园艺（22）：1-5．

董志新．2015．不同有机废弃物的肥料化利用研究［D］．太谷：山西农业大学．

段鲁娟，曹井国，熊发，等．2015．鸟粪石沉淀法处理鸡粪发酵沼液的试验研究［J］．环境工程，33（07）：66-71．

段然，王刚，杨世琦，等．2003．沼肥对农田土壤的潜在污染分析［J］．吉林农业大学学报（3）：310-315．

段然，王刚，杨世琦，等．2008．沼肥对农田土壤的潜在污染分析［J］．吉林农业大学学报，30（3）：310-315．

段卫平，汪增．2017．超长期施用沼肥对桑园土壤肥力的影响［J］．中国沼气，35（4）：95-98．

甘福丁，魏世清，覃文能，等．2011．施用沼液对玉豆品质及土壤肥效的影响［J］．中国沼气，29（1）：59-60．

高俊才，杨绍品，白金明等．2009．农村沼气建设管理实践与研究［M］．北京：中国农业出版社．

高骏．2018．试论沼肥的肥效及其在芹菜上的应用［J］．农业与技术，38（2）：51．

葛振，魏源送，刘建伟，等．2014．沼渣特性及其资源化利用探究［J］．中国沼气，32（3）：74-82．

顾洪娟，赵希彦，俞美子．2016．猪场沼液在观赏鱼塘中的应用研究［M］．辽宁农业职业技术学院学报，18（4）：3-4．

郭双连．2005．沼气发酵残留物在无公害水果蔬菜生产中的研究［D］．昆明：云南师范大学．

韩瑾．2009．沼液膜浓缩分离及其液肥混配技术研究［D］．杭州：浙江林学院．

韩敏，冯成洪，刘克锋，等．2014．混凝剂在牛沼液净化处理中的应用［J］．天津农业科学，20（9）：96-101．

郝先荣，沈丰菊．2006．户用沼气池综合效益评价方法［J］．可再生能源，24（2）：

4-6.

郝秀珍，周东美 . 2007. 畜禽粪中重金属环境行为研究进展［J］. 土壤（4）：509-513.

贺南南，管永祥，梁永红，等 . 2016. 高效液相色谱—荧光检测法同时分析沼液中 4 种喹诺酮类抗生素［J］. 农业环境科学学报，35（10）：2034-2040.

贺南南，管永祥，梁永红，等 . 2017. 固相萃取—高效液相色谱同时测定沼液中 3 种四环素类和 6 种磺胺类抗生素［J］. 分析科学学报，33（3）：373-377.

贺清尧，王文超，蔡凯，等 . 2016. 减压浓缩对沼液 CO2 吸收性能和植物生理毒性的影响［J］. 农业机械学报，47（2）：200-207.

胡献刚，罗义，周启星，等 . 2008. 固相萃取-高效液相色谱法测定畜牧粪便中 13 种抗生素药物残留［J］. 分析化学，36（9）：1162-1166.

黄丹丹，罗皓杰，应洪仓，等 . 2012. 沼液贮存中甲烷和氨气排放规律实验［J］. 农业机械学报，43（S1）：190-193.

黄鸿翔，李书田，李向林，等 . 2006. 我国有机肥的现状与发展前景分析［J］. 土壤肥料（1）：3-8.

黄惠珠 . 2010. 沼肥营养成分与污染物分析研究［J］. 福建农业学报，25（1）：86-89.

霍翠英，吴树彪，郭建斌，等 . 2011. 猪粪发酵沼液中植物激素及喹啉酮类成分分析［J］. 中国沼气，29（5）：7-10.

蹇守卫，何桂海，马保国，等 . 2015. 利用沼渣为掺料制备多孔烧结墙体材料的可行性研究［J］. 农业环境科学学报，34（11）：2222-2227.

姜丽娜，王强，陈丁江，等 . 2011. 沼液稻田消解对水稻生产、土壤与环境安全影响研究［J］. 农业环境科学学报，30（7）：1328-1336.

金淮，常志州，朱述钧 . 2005. 畜禽粪便中人畜共患病原菌传播的公众健康风险［J］. 江苏农业科学（3）：103-105.

金一坤 . 1987. 沼渣改良土壤结构的研究［J］. 土壤通报（3）：118-120.

靳红梅，常志州，叶小梅，等 . 2011. 江苏省大型沼气工程沼液理化特性分析［J］. 农业工程学报，27（1）：291-296.

荆丹丹，陈一良，戴成，等 . 2016. 沼液养鱼的研究现状及发展趋势［J］. 湖北农业科学，55（22）：5886-5890，5906.

雷雅婷，胡涵，王翠仙，等 . 2018. 云南省应用沼肥种植茶叶的可行性分析［J］. 北方农业学报，46（3）：125-130.

李艾芬，李瑾，张晓伟，等 . 2011. 机插秧单季晚稻中沼液的施用技术研究［J］. 浙江农业学报，23（2）：382-387.

李红娜，史志伟，朱昌雄.2014.利用海水汲取液的沼液正渗透浓缩技术［J］.农业工程学报（24）：240-245.

李盼盼，宋雯，谷洁，等.2016.含四环素沼肥对蔬菜品质及抗性基因的影响［J］.环境科学研究，29（6）：907-915.

李全，杨从容，张超英.1992.沼渣的改土作用及其对稻麦产量和品质影响的研究［J］.中国沼气（1）：13-18.

李同，董红敏，陶秀萍.2014.猪场沼液絮凝上清液的紫外线杀菌效果［J］.农业工程学报，30（6）：165-171.

李文英，吴雪娜，何新强，等.2014.集约化猪场沼液生态处理工艺优化试验效果评价［J］.农学学报，4（8）：85-87.

李欣.2016.厌氧发酵液植物营养物质变化及吲哚乙酸代谢途径解析［D］.北京：中国农业大学.

李秀巧，刘德军，彭建，等.2016.汉白玉萝卜沼肥肥效对比试验［J］.上海蔬菜（6）：50.

李彦超，廖新俤，吴银宝.2007.施用沼液对杂交狼尾草产量和土壤养分含量的影响［J］.农业环境科学学报，26（4）：1527-1531.

李艳霞，李帷，张雪莲，等.2012.固相萃取一高效液相色谱法同时检测畜禽粪便中14种兽药抗生素［J］.分析化学，40（2）：213-217.

李烨，谢立波，姚建刚，等.2012.沼渣与基质配比对茄子幼苗的影响［J］.北方园艺（3）：28-30.

李友强，盛康，彭思姣，等.2014.沼液施用量对小麦产量及土壤理化性质的影响［J］.中国农学通报，30（12）：181-186.

李钰飞，许俊香，孙钦平，等.2017.沼渣施用对土壤线虫群落结构的影响［J］.中国农业大学学报，22（8）：64-73.

李裕荣，刘永霞，孙长青，等.2013.畜禽粪便产沼发酵液对水培蔬菜生长及养分吸收的影响［J］.西南农业学报，26（6）：2422-2429.

李元高，潘海敏，敬巧巧.2016.畜禽养殖废水厌氧发酵沼液及沼渣成分研究［J］.科技资讯，14（7）：53-54.

李紫薇.2017.沼肥种植石榴技术在蒙自的推广方案研究［D］.昆明：云南师范大学.

梁红杏，张名涛.2002.饲用抗生素在绿色畜牧业中的应用前景［J］.畜牧业（1）：50-52.

梁康强，阎中，朱民，等.2011.沼气工程沼液反渗透膜浓缩应用研究[J].中国矿业大学学报，40（3）：470-475.

林标声，何玉琴，黄燕翔，等.2015.猪场厌氧发酵沼液复合菌群的筛选及静态试验效果研究[J].东北农业大学学报（1）：74-78.

林斌，罗桂华，徐庆贤，等2010.茶园施用沼渣等有机肥对茶叶产量和品质的影响初报[J].福建农业学报，25（1）：90-95.

刘博，陈宣宇，薛南冬，等.2014.高效液相色谱-荧光检测法同时分析鸡粪中六种氟喹诺酮类抗生素[J].农业环境科学学报，33（5）：1050-1056.

刘德源.2013.沼肥特性及其在农业生产中的应用[J].现代化农业（9）：17-19.

刘丁才.2013.沼液中萜类化合物新型结构的发现与生物活性的研究[D].上海：上海海洋大学.

刘芳，李泽碧，李清荣，等.2009.沼气肥与化肥配施对甜玉米产量和品质的影响[J].土壤通报，40（6）：1333-1336.

刘锋，廖德润，李可，等.2013.畜禽养殖基地磺胺类喹诺酮类和大环内酯类抗生素污染特征[J].农业环境科学学报，32（4）：847-853.

刘思辰，王莉玮，李希希，等.2014.沼液灌溉中的重金属潜在风险评估[J].植物营养与肥料学报，20（6）：1517-1524.

刘文科，杨其长，王顺清.2009.沼液在蔬菜上的应用及其土壤质量效应[J].中国沼气（1）：43-46.

刘银秀，聂新军，董越勇，等.2017.干清粪工艺下农村规模化沼气沼液养分分析[J].浙江农业科学，58（11）：1997-2000.

刘兆普.1994.资源环境与农业持续发展[M].北京：中国农业科技出版社，180-190.

鹿晓菲，马放，王海东，等.2016.正渗透技术浓缩沼液特性及效果研究[J].中国沼气，34（1）：62-67.

马艳，李海，常志州，等.2011.沼液对植物病害的防治效果及机理研究Ⅰ：对植物病原真菌的抑制效果及抑菌机理初探[J].农业环境科学学报，30（2）：366-374.

孟庆国，赵凤兰，张聿高，等.2000.气相色谱法测定沼液中的游离蛋白氨基酸[J].农业环境科学学报，19（2）：104-105.

闵三弟.1990.不同发酵材料对甲烷杆菌合成维生素 B_(12)的影响[J].微生物学杂志（1）：86-87

倪进治，徐建明，谢正苗，等.2001.不同有机肥料对土壤生物活性有机质组分的

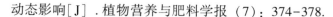
动态影响[J].植物营养与肥料学报（7）：374-378.

倪亮，孙广辉，罗光恩，等.2008.沼液灌溉对土壤质量的影响[J].土壤，40（4）：608-611.

聂新军，金娟，王强，等.2017.浙江农村规模化沼气工程沼渣养分分析［J］，浙江农业科学，58（12）：2111-2114.

潘越博.2009.甘肃规模化养猪场污染物无害化循环利用研究调查报告[J].中国动物保健（11）：99-101.

彭里.2005.畜禽粪便环境污染的产生及危害[J].家畜生态学报，26（4）：103-106.

钱靖华，林聪，王金花，等.2005.沼液对苹果品质及土壤肥效的影响[J].可再生能源（4）：34-36.

乔玮.2015.农业沼气工程原料特性与发酵效率评价［A］.中国沼气学会，中国科学院广州能源研究所，德国农业协会.2015年中国沼气学会学术年会暨中德沼气合作论坛论文集.

秦方锦，齐琳，王飞，等.2015.3种不同发酵原料沼液的养分含量分析[J].浙江农业科学，56（07）：1097-1099.

曲明山，郭宁，刘自飞，等.2013.京郊大中型沼气工程沼液养分及重金属含量分析[J].中国沼气，31（04）：37-40.

商常发，王立克，陈巧妙，等.2009.发酵时间与温度对沼液氨基酸含量的影响［J］.畜牧与兽医，41（11）：42-44.

沈其林，单胜道，周健驹，等.2014.猪粪发酵沼液成分测定与分析[J].中国沼气，32（3）：83-86

沈中泉，郭云桃，刘学良，等.1986.有机肥和无机肥配方施用对肥料氮的去向［J］.土壤通报（17）：107-110.

盛婧，孙国峰，郑建初.2015.典型粪污处理模式下规模养猪场农牧结合规模配置研究Ⅰ.固液分离—液体厌氧发酵模式[J].中国生态农业学报，23（2）：199-206.

盛婧，孙国峰，郑建初.2015.典型粪污处理模式下规模养猪场农牧结合规模配置研究Ⅱ粪污直接厌氧发酵处理模式[J].中国生态农业学报，23（7）：886-891.

施建伟，雷国明，李玉英，等.2013.发酵底物和发酵工艺对沼液中挥发性有机酸的影响[J].河南农业科学，42（3）：55-58.

石红静，马闪闪，赵科理，等.2017.有机物料对酸化山核桃林地土壤的改良作用[J].浙江农林大学学报，34（4）：670-678.

舒邓群，黄春景，胡四清．2001．规模化猪场的主要污染物对环境的危害[J]．畜禽业（4）：28．

宋成芳，单胜道，张妙仙，等．2011．畜禽养殖废弃物沼液的浓缩及其成分[J]．农业工程学报，27（12）：256-259．

宋成军，田宜水，罗娟，等．2015．厌氧发酵固体剩余物建植高羊茅草皮的生态特征[J]．农业工程学报，31（17）：254-260．

苏思慧，何江涛，杨蕾，等．2014．北京东南郊土壤剖面氟喹诺酮类抗生素分布特征[J]．环境科学，35（11）：4257-4266．

苏廷．2017．白桦育苗基质筛选研究[J]．河北林业科技，（3）：6-7．

苏雯，王晗．2013．论沼肥在农业植保生态系统中的作用[J]．农业科技通讯（10）：164-166．

孙红霞，张花菊，徐亚铂，等．2017．猪饲料、粪便、沼渣和沼液中重金属元素含量的测定分析[J]．黑龙江畜牧兽医（9）：285-287．

孙宇婷，周连仁，孟庆峰，等．2014．长期施用有机肥对草甸碱土水稳性团聚体及其碳氮分配的影响[J]．中国土壤与肥料（1）：6-10．

邰义萍，罗晓栋，莫测辉，等．2011．广东省畜牧粪便中喹诺酮类和磺胺类抗生素的含量与分布特征研究[J]．环境科学，32（4）：1188-1193．

唐微，伍钧，孙百晔，等．2010．沼液不同施用量对水稻产量及稻米品质的影响[J]．农业环境科学学报，29（12）：2268-2273．

陶红歌，李学波，赵廷林．2003．沼肥与生态农业[J]．可再生能源（2）：37-38．

田兰．1984．化工安全技术[M]．北京：化学工业出版社．

涂成，闫湘，李秀英，等．2018．沼渣沼液农用安全风险[J]．中国土壤与肥料（4）：8-13．

万海文，贾亮亮，赵京奇，等．2017．追施沼液对小麦光合特性及土壤酶活性和养分含量的影响[J]．西北农林科技大学学报（自然科学版），45（1）：35-44．

万金保，何华燕，吴永明，等．2010．序批式生物膜反应器对猪场沼液脱氮的中试研究[J]．中国给水排水，26（21）：127-129．

汪崇，高琳，杨文亮．2012．以猪粪为主要发酵原料的沼液成分初步研究[J]．现代畜牧兽医（8）：51-52．

王超，王迎亚，陈宁华，等．2017．磁性膨润土对养牛和养猪沼液的处理性能研究[J]．非金属矿，40（03）：93-96．

王家军，刘杰，张瑞萍，等．2012．沼渣与化肥配合施用对水稻生长发育及产量和品质的影响[J]．黑龙江农业科学（4）：66-70

王久臣，杨世关，万小春 . 2016. 沼气工程安全生产管理手册［M］. 北京：中国农业出版社 .

王立江 . 2015. 沼液碟管式反渗透膜（DTRO）浓缩处理工艺研究［D］. 杭州：浙江工商大学 .

王琳，吴珊，李春林 . 2010. 粪便、沼液、沼渣中重金属检测及安全性分析［J］. 内蒙古农业科技（6）：56-57.

王卫，朱世东，袁凌云，等 . 2009. 沼液沼渣在辣椒无土栽培上的应用研究［J］. 安徽农业科学，37（24）：11499-11500.

王卫平，陆新苗，魏章焕，等 . 2011. 施用沼液对柑橘产量和品质以及土壤环境的影响［J］. 农业环境科学学报，30（11）：2300-2305.

王秀娟 . 2006. 基于沼渣的无土栽培有机基质特性的研究［D］. 武汉：华中农业大学 .

王远远，刘荣厚，沈飞，等 . 2008. 沼液作追肥对小白菜产量和品质的影响［J］. 江苏农业科学（1）：220-222.

韦鑫，曾庆飞 . 2017. 沼肥对烤烟农艺性状及产量产值的效应试验［J］. 吉林农业（16）：54-55.

卫丹，万梅，刘锐，等 . 2014. 嘉兴市规模化养猪场沼液水质调查研究［J］. 环境科学，35（7）：2650-2657.

吴带旺 . 2010. 沼液沼渣在柑橘生产中的应用技术［J］. 福建农业科技（2）：58-59.

吴飞龙，叶美锋，林代炎，等 . 2011. 沼液施用量对象草 N、P 吸收利用效率和土壤 N、P 养分含量的影响［J］. 福建农业学报，26（1）：103-107.

吴慧斌 . 2015. 沼液中活性成分的分析及萜类转化机制探究［D］. 上海：上海海洋大学 .

吴亚泽，师朝霞，张明娇 . 2009. 沼渣、沼液在果树上的应用［J］. 农业工程技术：新能源产业（7）：38-39.

吴娱 . 2015. 鸡粪沼液培育蛋白核小球藻累积生物量及螺旋藻固碳研究［D］. 北京：中国农业大学 .

伍钧，王静雯，张璘玮，等 . 2014. 沼液对玉米产量及品质的影响［J］. 核农学报，28（5）：905-911.

武丽娟，刘荣厚，王远远，等 . 2007. 沼气发酵原料及产物特性的分析——以四位一体北方能源生态模式为例［J］. 农机化研究（7）：183-186.

夏春龙，张洲，张雨，等 . 2014. 喷施沼液对芸豆产量和重金属含量的影响［J］. 环境科学与技术（1）：7-12.

向永生，孙东发，王明锐，等.2006.沼液不同浓度对春茶的影响[J].湖北农业科学，45（1）：78-80.

谢善松，黄水珍，林升平，等.2010.施用牛粪尿沼液对高秆禾本科牧草及土壤的影响[J].当代畜牧（10）：39-41.

谢少华，宗良纲，褚慧，等.2013.不同类型生物质材料对酸化茶园土壤的改良效果[J].茶叶科学（3）：279-288.

熊尚文.2016.上海青施用沼肥试验报告[J].现代园艺（23）：16-17.

徐秋桐，孔樟良，章明奎.2016.不同有机废弃物改良新复垦耕地的综合效果评价[J].应用生态学报，27（2）：567-576.

徐伟朴，陈同斌，刘俊良，等.2004.规模化畜禽养殖对环境的污染及防治[J].策略环境科学（2）：05-108

徐延熙，田相旭，李斗争，等.2012.不同原料沼气池发酵残留物养分含量比较[J].农业科技通讯（05）：100-102.

许美兰，叶茜，李元高，等.2016.基于正渗透技术的沼液浓缩工艺优化[J].农业工程学报，32（2）：193-198.

颜炳佐，徐维田，于鹏波.2012.沼渣沼液对提高红提葡萄产量和品质的研究[J].中国沼气，30（2）：47-48.

杨怀.2011.养猪场沼液转化液体有机肥及应用研究[D].海口：海南大学.

杨益琼，陈丽辉，周世金，等.2016.沼液与化肥种植白菜的对比实验研究[J].云南师范大学学报（自然科学版），36（3）：17-22.

杨振海.2017.沼气生产利用技术指南[M].北京：中国农业出版社.

姚红娟，王晓琳.2003.压力驱动膜分离过程的操作模式及其优化[J].膜科学与技术（6）：38-43.

野池达也.2014.刘兵，薛咏海译.甲烷发酵[M].北京：化学工业出版.

叶小梅，常志州，钱玉婷，等.2012.江苏省大中型沼气工程调查及沼液生物学特性研究[J].农业工程学报，28（6）：222-227.

殷世鹏，张无敌，尹芳，等.2016.施用沼液对生菜生长的影响[J].现代农业科技（2）：91-93.

尹淑丽，黄亚丽，张丽萍，等.2012.沼液对鸭梨品质和产量的影响[J].中国沼气，30（3）：38-40.

尹淑丽，张丽萍，习彦花，等.2017.沼渣对土壤微生态结构、土壤酶活及理化性状的影响[J].中国沼气，35（1）：72-76.

尹亚丽, 邢学峰, 唐华, 等. 2013. 多花黑麦草草地对奶牛场沼液养分消纳能力的研究[J]. 草业学报, 22 (5): 333-338.

尤荔红. 2005. "三沼"综合利用的模式及效益[J]. 能源与环境 (3): 93-94.

于海龙, 吕贝贝, 李开盛, 等. 2012. 利用沼渣栽培金针菇[J]. 食用菌学报, 19 (4): 41-43.

俞三传, 高从楷, 张慧. 2005. 纳滤膜技术和微污染水处理[J]. 水处理技术 (9): 6-9.

袁怡. 2010. 沼液作为生菜、柑橘叶面肥的试验研究[D]. 武汉: 华中农业大学.

曾繁星, 魏湜, 顾万荣, 等. 2016. 沼肥与化肥配施对东北不同株型玉米叶片光合特性及产量的影响[J]. 西北农业学报, 25 (1): 16-24.

曾悦, 洪华生, 曹文志, 等. 2004. 畜禽养殖废弃物资源化的经济可行性分析[J]. 厦门大学学报 (自然版), 43 (S1): 195-200.

张斌, 王丽娜. 2014. 沼气发电系统综述[J]. 科技视界 (6): 272-273.

张昌爱, 刘英, 曹曼, 等. 2011. 沼液的定价方法及其应用效果[J]. 生态学报, 31 (6): 1735-1741.

张昌爱, 张玉凤, 林海涛, 等. 2012. 基于营养成分含量的沼液定价方法[J]. 中国沼气, 30 (6): 43-46.

张冠鸣. 2014. 施用沼肥对玉米病虫害防治的研究[D]. 哈尔滨: 黑龙江大学.

张浩, 雷赵民, 窦学诚, 等. 2008. 沼渣营养价值及沼渣源饲料和其生产的猪肉重金属残留分析[J]. 中国生态农业学报, 16 (5): 1298-1301.

张建锋. 2013. 玉米基施沼渣肥和猪圈肥的比较试验[J]. 农业技术与装备 (16): 47.

张敏, 张俊, 付海滨, 等. 2018. 超高效液相色谱—串联质谱法测定沼肥中六种喹诺酮类抗生素[J]. 沈阳农业大学学报, 49 (4): 486-490.

张全国. 2013. 沼气技术及其应用[M]. 第三版. 北京: 化学工业出版.

张玮玮, 弓爱君, 邱丽娜, 等. 2013. 以沼渣为原料固态发酵生产 Bt 生物农药[J]. 农业工程学报, 29 (8): 212-217.

张无敌, 刘伟伟, 尹芳, 等. 2016. 农村沼气工程技术[M]. 北京: 化学工业出版社.

张无敌, 宋洪川, 丁琪, 等. 2001. 沼气发酵残留物防治农作物病虫害的效果分析[J]. 农业现代化研究, 22 (3): 167-170.

张无敌, 尹芳, 刘士清, 等. 2006. 沼肥提高柿子果实品质和改良果园土壤的试验[J]. 中国果树 (4): 33-35.

张无敌，尹芳，刘士清，等.2006.沼气发酵残留物在桃子生产中的应用研究[J].
　　农业现代化研究，27（专刊）：143-144.

张晓辉.1994.沼肥在防治农作物病虫害方面的应用[J].可再生能源（6）：
　　23-24.

张颖，刘益均，姜昭.2016.沼渣养分及其农用可行性分析[J].东北农业大学学
　　报，47（03）：59-63.

张玉凤，董亮，李彦，等.2011.沼肥对大豆产量、品质、养分和土壤化学性质的
　　影响[J].水土保持学报，25（4）：135-138.

张云，文勇立，王永，等.2014.养殖场沼液重金属元素的ICP-OES测定[J].西
　　南民族大学学报（自然科学版），40（01）：24-26.

赵国华，陈贵，徐劼.2014.猪粪尿源沼液中主要养分和重金属分布特性[J].浙江
　　农业科学（9）：1454-1456.

赵丽，周林爱，邱江平.2005.沼渣基质理化性质及对无公害蔬菜营养成分的影响
　　[J].浙江农业科学，1（2）：103-105.

赵麒淋，伍钧，陈璧瑕，等.2012.施用沼液对土壤和玉米重金属累积的影响[J].
　　水土保持学报，26（2）：251-255.

郑时选，李健.2009.德国沼肥利用的安全性与生态卫生[J].中国沼气，27（2）：
　　45-48.

郑时选，邱凌，刘庆玉，等.2014.沼肥肥效与安全有效利用[J].中国沼气，32
　　（1）：95-100.

郑杨清，郁强强，王海涛，等.2014.沼渣制备生物炭吸附沼液中氨氮[J].化工学
　　报，65（5）：1856-1861.

钟攀，李泽碧，李清荣，等.2007.重庆沼气肥养分物质和重金属状况研究[J].农
　　业环境科学学报，26（3）：165-171.

周孟津，张榕林，蔺金印.2009.沼气实用技术[M].第二版.北京：化学工
　　业出版.

周宇远，罗杨春，阮慧敏等.2016.利用碟管式反渗透系统处理养殖场沼液的研究
　　[J].农业与技术，36（4），132-134.

朱泉雯.2014.重金属在猪饲料-粪污-沼液中的变化特征[J].水土保持研究，21
　　（6）：284-289.

祝延立，郗登宝，那伟，等.2016.不同基质配方对青椒幼苗生长的影响[J].农
　　业科技通讯（5）：131-132.

祝延立，郗登宝，潘晓峰，等.2016.草木灰与化肥配施对玉米农艺性状及产量的

影响［J］．安徽农业科学，44（9）：42-43．

GB/T 3091—2015．低压流体输送用焊接钢管/中华人民共和国国家标准．

GB/T 8163—2008．输送流体用无缝钢管/中华人民共和国国家标准．

GB 16914—2012．燃气燃烧器具安全技术条件/中华人民共和国国家标准．

GB 18047—2017．车用压缩天然气/中华人民共和国国家标准．

GB/T 29488—2013．中大功率沼气发电机组/中华人民共和国国家标准．

GB 50028—2006．城镇燃气设计规范/中华人民共和国国家标准．

GB 50057—2016．建筑物防雷设计规范/中华人民共和国国家标准．

GB 50251—2015．输气管道工程设计规范/中华人民共和国国家标准．

GB/T 51063—2014．大中型沼气工程技术规范/中华人民共和国国家标准．

GB 15558.1—2015．燃气用埋地聚乙烯（PE）管道系统 第1部分：管材/中华人民
    共和国国家标准．

GB 15558.2—2016．燃气用埋地聚乙烯（PE）管道系统 第2部分：管件/中华人民
    共和国国家标准．

CJJ 12—2013．家用燃气燃烧器具安装及验收规程/中华人民共和国城镇建设工程行
    业标准．

CJ/T 125—2014．燃气用钢骨架聚乙烯塑料复合管/中华人民共和国城镇建设行
    业标准．

CJ/T 126—2000．燃气用钢骨架聚乙烯塑料复合管件/中华人民共和国城镇建设行业
    标准．

CJJ 95—2013．城镇燃气埋地钢质管道腐蚀控制技术规程/中华人民共和国城镇建设
    工程行业标准．

HGJ 28—1990．化工企业静电接地设计规程/中华人民共和国化工部设计标准．

NY/T 1220.2—2006．沼气工程技术规范 第2部分：供气设计/中华人民共和国农业
    行业标准．

NY/T 1223—2006．沼气发电机组/中华人民共和国农业行业标准．

NY/T 1704—2009．沼气电站技术规范/中华人民共和国农业行业标准．

SY 0007—1999．钢质管道及储罐腐蚀控制工程设计规程/中华人民共和国石油天然
    气行业标准．

Q/GDW 11147—2013．分布式电源接入配电网设计规范/中华人民共和国国家电网
    公司企业标准．

BO B，CHENG L，LIN L. 2016. Health risk assessment of heavy metals in soil-plant sys-
    tem amended with biogas slurry in Taihu basin，China［J］．Environmental Science &

Pollution Research, 23 (17): 16955-16964.

BOALL A B, FOGG L A, BLACKWEL P A, et al. 2004. Veterinary medicines in the environment [J]. Reviews in Environmental contamination and Toxicology, 180: 1-91.

BONETTA S, FERRETTI E, et al. 2014. Agricultural reuse of the digestate from anaerobic co-digestion of organic waste: microbiological contamination, metal hazards and fertilizing performance [J]. Water Air Soil Pollution, 225 (8): 2046-2057.

BYME-BAOLEY K G, GAZE W H, KAY P, et al. 2009. Prevalence of sulfonamide resistance genes in bacterial isolates from manured agricultural soils and pig slurry in the United Kingdom [J]. Antimicrobial Agents and Chemotherapy, 53 (2): 696-702.

CORDOVIL C M D S, VARENNES A D, PINTO R, et al. 2011. Changes in mineral nitrogen, soil organic matter fractions and microbial community level physiological profiles after application of digested pig slurry and compost from municipal organic wastes to burned soils [J]. Soil Biology & Biochemistry, 43 (4): 845-852.

KRATEISEN, STARCEVIC, MARTINOV, et al. 2010. Applicability ofbiogas digestate as solid fuel [J]. Fuel, 89 (9): 2544-2548.

MARCATO, PINELLI, POUECH, et al. 2008. Particle size and metal distributions in anaerobically digested pig slurry [J]. Bioresource Technology, 99 (7): 2340-2348.

MASSE, CROTEAU, MASSE. 2007. The fate of crop nutrients during digestion of swine manure in psychrophilic anaerobic sequencing batch reactors [J]. Bioresource Technology, 98 (15): 2819-2823.

MOLLER, MILLER. 2012. Effects of anaerobic digestion on digestate nutrient availability and crop growth: A review [J]. Engineering in Life Sciences, 12 (3): 242-257.

NAMASIVAYAM C, KAVITHA D. 2002. Removal of Congo Red from water byadsorption onto activated carbon prepared from coir pith, anagricultural solid waste [J]. Dyes and Pigments, 54 (1): 47-58.

NAMASIVAYAM C, PRABHA D, KUMUTHA M. 1998. Removal of direct red andacid brilliant blue by adsorption on to banana pith [J]. BioresourceTechnology, 64 (1): 77-79.

NAMASIVAYAM C, YAMUNA R. 1995. Adsorption of chromium (Ⅵ) by alow-cost adsorbent: biogas residual slurry [J]. Chemosphere, 30 (3): 561-578.

NAMASIVAYAM C, YAMUNA R. 1994. Utilizing biogas residual slurry for dyeadsorption [J]. American Dyestuff Reporter, 83 (8): 1-5.

NAMASIVAYAM C, YAMUNA R. 1995. Waste biogas residual slurry as anadsorbent for the removal of Pb（Ⅱ）from aqueous solution andradiator manufacturing industry wastewater［J］. Bioresource Technology，52（2）：125-131.

NKOA R. 2014. Agricultural benefits and environmental risks of soil fertilization with anaerobic digestates：a review［J］. Agronomy for Sustainable Development，34（2）：473-492.

SARMAH A K，MEYER M T，BOXALL A B A. 2006. A global perspective on the use，sales，exposure pathways，occurrence，fate and effects of veterinary antibiotics（VAs）in the environment［J］. Chemosphere，65：725-759.

SINGH M，REYNOLDS D L，DAS K C. 2011. Microalgal system for treatment of effluent from poultry litter anaerobic digestion［J］. Bioresource Technology，102（23）：10841.

TAMBONE F，ORZI V，D'IMPORZANO G，et al. 2017. Solid and liquid fractionation of digestate：Mass balance，chemical characterization，and agronomic and environmental value［J］. Bioresource Technology，243.

WELLINGER A，MURPHY J，BAXTER D. 2013. The biogas handbook：science，production and applications［M］. UK：Woodhead Publishing Limited.

WINANDY J E，CAI Z. 2008. Potential of using anaerobically digested bovine biofiber as a fiber source for wood composites［J］. BioResources，3（4）：1244-1255.

XIA A，MURPHY J D. 2016. Microalgal Cultivation in Treating Liquid Digestate from Biogas Systems［J］. Trends in Biotechnology，34（4）：264-275.